흔들리는 우리 아이 단단하게 붙잡아주는

사춘기 부모 수업

흔들리는 우리 아이 단단하게 붙잡아주는

사춘기 부모 수업

장희윤 지음

보랏빛소
Borabit Cow

Q. 선생님, 도대체 사춘기가 뭘까요?

A, 음, "바닥이 미끄러우니까 여기로 지나가지 마."라고 말하면,

보란 듯이 다섯 명이 그 앞으로 곧장 지나가는, 뭐 그런 것 아닐까요?

　사범대생 시절부터 다양한 곳에서 학생들에게 국어를 가르쳐왔습니다. 하지만 수업을 통해 만나는 아이들과 생활 속에서 만나는 아이들의 모습은 전혀 다르더군요. '북한 김정은도 무서워한다는 공포의 중2'라는 말이 그저 농담인 줄로만 알았는데, 크고 작은 사건들로 골머리를 썩으며 급기야 119를 타는 해프닝까지 겪고 나니, 비로소 사춘기 청소년의 위력을 실감할 수 있었습니다.

　사춘기 아이들은 충동적이고 자기중심적입니다. 하지만 보

이지 않는 곳에서 자신의 삶을 고민하며 주체적으로 살아가는 존재이기도 했습니다. 어른들이 결코 이해하지 못할 행동들 뒤에는 제 나름의 이유가 있기도 했지요. 학부모님과 학생의 동상이몽을 안타깝게 바라보며, 사춘기로 인해 고통 받는 가정에 조금이나마 도움이 되고 싶어 이 책을 집필했습니다.

이 책에는 지난 10년간 사교육 및 공교육을 통해 만났던 아이들과 부모님들의 사례가 담겨 있습니다. 무기력한 아이, 폭발적인 아이, 예민한 아이…. 다양한 개성만큼 아이들의 사춘기도 제각각이었습니다. 보편적이면서도 특수한 녀석들의 삶을 들여다보면서, 그들의 문제를 함께 고민하고 나누는 것이 유일한 해결책임을 깨달았습니다. 지금 사춘기 아이들과 힘겨운 시간을 보내고 있는 부모님들에게 이 책이 한줄기 위로와 희망의 메시지가 되기를 바랍니다.

이 책이 세상에 나오기까지 많은 분의 도움이 있었습니다. 항상 교육의 본질을 생각하도록 이끌어주셨던 최영란 선생님, 잠재된 저의 능력을 높이 평가해주시고 교육 전문가로서 발돋움할 수 있도록 도와주시는 한국강사신문 한상형 대표님께 진심으로 감사드립니다. 또한 부족한 글을 칭찬해주신 한명균 선생님, 윤정화 선생님, 주미희 작가님께도 감사하다는 말씀을 전하고 싶습니다.

늘 곁에서 도와주시는 선생님들 덕분에 어설픈 초임교사에서 경력교사로 무사히 성장할 수 있었습니다. 특히 엄마처럼 늘 격려해주시고 토닥여주시는 이민희 부장 선생님, 항상 따뜻하게 조언해주시는 김성천 선생님, 불꽃 같은 열정으로 참교사의 귀감이 되어주시는 임영훈 선생님, 물심양면 보살펴주시는 탁성애 선생님과 서석자 선생님, 고통을 함께 분담해주시고 대나무 숲이 되어주시는 이유진 선생님께 감사드립니다.

혼자만 알고 있던 스펙타클 웃음 반 울음 반의 이야기들을 기꺼이 세상에 꺼낼 수 있도록 도와주신 보랏빛소 김철원 대표님과 김이슬 에디터님께도 감사의 마음을 전합니다. 가르치면서 더 많이 배운다는 것을 깨닫게 해준 저의 모든 제자들에게도 사랑한다는 말을 전하고 싶습니다. 특히 이 책의 각 파트마다 엔딩 요정으로 등장해준 다섯 보석들(다영, 윤정, 성빈, 겨레, 지온)에게 무한한 고마움을 전합니다. 마지막으로 사랑하는 나의 가족들, 특히 사춘기 아이들에 미쳐 효도도 제대로 못하는 딸을 한결같이 사랑해주시고 믿어주시는 어머님께 깊이 감사드립니다.

사춘기 자녀를 길러본 경험이 있거나 청소년을 대상으로 교육하고 있는 사람이라면 누구나 이 책의 생생한 내용에 깊이 공감할 것이다. 어릴 때부터 스스로 사고하고 느끼고 교류하며 균형 잡기를 학습해온 청소년이 아닐 경우, 급격한 성장기에서 발생하는 불균형과 부조화의 난제에 시달리기 쉬운데, 이 책이야말로 당면한 문제를 혼자 풀어가려 애쓰는 청소년이나 그들을 돕고 싶어 하는 부모와 교사들에게 큰 위안이자 안내가 될 수 있음을 확신한다.

_최영란 / 이화여자대학교 교육학 박사, 《내가 교사가 돼도 되나》의 저자

'한 아이를 키우려면 온 마을이 필요하다'고 했다. 그만큼 한 아이의 성장에는 많은 이들의 관심과 사랑이 필요하다는 말이다. 저자는

'사춘기 청소년들의 모든 변화를 사랑'하는 천상 교사이자, '변화의 가능성'을 온 마음을 다해 응원하는 조력자이기도 하다. 경험에서 비롯된 다양한 사례들과 무릎을 탁! 치게 만드는 '희윤쌤의 토닥토닥 한마디'에는 사춘기 청소년들을 향한 저자의 진심이 녹아 있다. 그녀의 사랑과 열정을 고스란히 담은 이 책을 강력히 추천한다.

_주미희 / 청소년·학부모 코칭 전문가, 《아리따리틱한 그녀》의 저자

—

경험이란 것은 '얼마나 했느냐'의 문제가 아니라 '어떻게 했느냐'의 문제라고 말하고 싶다. 교단에 선 지 10년이 넘었지만, 이 책에서 말하는 것처럼 아이들의 행동 하나하나의 의미를 진지하게 생각해본 적이 있는지 싶을 정도로 부끄러워진다. 교사는 그저 둥글게 다듬기만 할 뿐 아이의 행동은 부모와의 상호작용에서 형성된다는 점. 이 상호작용의 명쾌한 팁을 제공하는 세심하면서도 당당한 사춘기 학생 파악 경험기의 출간을 진심으로 환영한다.

_한명균 / 용인 고림고등학교 국어교사

—

저자가 교직생활에서 경험한 사례를 통해, 사춘기 자녀를 둔 부모에게 베스트 솔루션을 제공해주는 책. 남녀 간의 사랑에 밀당이 필요하듯이 부모와 자식 간에도 적절한 밀고 당기기가 필요하다는 이론

이 인상적이다. 사춘기 자녀를 둔 부모가 읽는다면 자녀와 함께 더불어 성장하는 사춘기를 보내고, 나아가 자녀를 인생의 좋은 친구로 만들 수 있을 것이다.

_한상형 / 한국강사신문 대표, 《톡톡톡 생각을 디자인하라》의 저자

—

무엇보다 교육 현장에서 직접 학생들과 경험한 이야기를 다뤘다는 점에서 흥미와 신뢰감이 느껴진다. 나 역시 한때 학부모였던지라 공감되는 부분이 많았고, 바람직하지 못했던 훈육방법에 대해서도 반성의 시간을 갖게 되었다.

장희윤 작가를 볼 때마다 느끼는 것은 열정의 소유자라는 것이다. 힘이 넘치는 목소리로 공부를 가르치는 패기와 열정이 대단한 가운데 진심으로 학생들과 소통하는 것이 가능하기에 모두가 공감할 수 있는 좋은 글을 썼으리라 믿는다. 이 열정이 식지 않으리라는 의심조차 들지 않게 하는 장희윤 작가를 만난 것은 나에게도 그렇지만 학생들에게도 큰 영광이며 행운일 것이다. 작은 천사들의 상처를 어루만져주고 마음을 헤아려주는 가슴 따뜻한 훌륭한 스승의 길을 걷길 바란다.

_윤정수 / 교육행정실무사, 수필가

차례

4   프롤로그

7   추천의 글

1장

착했던 내 아이, 어디로 갔을까

[상황 파악 편]

16   Lesson 1: 선생님, 우리 애는 욕도 할 줄 모르는데요?

22   Lesson 2: 머리로는 도저히 이해할 수 없는 시기

27   Lesson 3: 착했던 내 아이, 어디로 갔을까

33   Lesson 4: 엄마 탓이 아니에요

39   Lesson 5: 너는 힘들지만, 나는 눈물겹다

45   Lesson 6: 대한민국에서 사춘기 부모로 산다는 것

51   Lesson 7: 문제아 뒤에는 문제 부모가 있다

57   Lesson 8: 사춘기일까, 우울증일까

64   #속마음 인터뷰 ① 희윤쌤이 묻고 다영이가 답하다!

2장

눈치 한 번 보고, 야단 한 번 하고

[행동 코칭 편]

70	Lesson 9: 부모와 자식 간에도 밀당이 필요해
77	Lesson 10: 아이는 언제나 신호를 보내고 있어요
85	Lesson 11: 아이는 끄덕형 부모를 따른다
92	Lesson 12: 엄마는 너무 변덕스러워요
98	Lesson 13: 아이를 관찰하면 알 수 있는 것들
102	Lesson 14: 사춘기라 그런 거라고요?
108	Lesson 15: 한 발짝 떨어져서 지켜보기
114	Lesson 16: 엄마의 조바심, 아이는 알고 있다
120	#속마음 인터뷰 ② 희윤쌤이 묻고 성빈이가 답하다!

3장

사춘기 아이의 마음을 여는 한마디
[대화법 편]

126   Lesson 17: 잔소리는 짧고 간결하게

133   Lesson 18: 엄마는 자존감 도둑?

138   Lesson 19: 아이가 스스로 반성하게 하는 대화법

144   Lesson 20: 아이의 마음을 읽는 연습

149   Lesson 21: 부모의 말이 달라지면 아이의 말도 바뀐다

155   Lesson 22: 아이들은 감정에 더 집중한다

161   Lesson 23: 사춘기 부모의 감정 코칭

167   Lesson 24: 엄마랑은 말이 안 통해요

172   #속마음 인터뷰③ 희윤쌤이 묻고 겨레가 답하다!

4장

도무지 알 수 없는 아이의 마음
[내면 코칭 편]

178   Lesson 25: 아이의 관심사를 알고 있나요?

184   Lesson 26: 바람직한 성교육 시기는 언제일까

191   Lesson 27: 부모에게 인정받는 아이가 세상에서 인정받는다

197 Lesson 28: 우리 아이 자존감을 높이는 존중의 기술

203 Lesson 29: 나는 감시자인가, 안내자인가

209 Lesson 30: 지적과 격려의 밸런스 맞추기

214 Lesson 31: 아이는 선배 같은 부모를 원한다

220 Lesson 32: 엄마가 네 편이 되어줄게

227 #속마음 인터뷰④ 희윤쌤이 묻고 윤정이가 답하다!

5장

엄마가 단단해야 아이를 붙잡을 수 있다

[부모의 성장 편]

232 Lesson 33: 아이가 흔들려도 엄마는 단단하게

237 Lesson 34: 숫자에 집착하지 않으려면

244 Lesson 35: 학교를 떠나는 아이, 학교에서 버티는 아이

253 Lesson 36: 혹시 게임 중독 아닐까요?

260 Lesson 37: 엄마와 아이가 함께 성장하는 시간

266 Lesson 38: 내 아이는 자라서 내가 된다

272 Lesson 39: 부모의 가장 큰 사랑법, 기다림

279 Lesson 40: 사랑은 하는데, 믿음은요?

286 Lesson 41: 오늘이 행복해야 내일도 행복합니다

292 #속마음 인터뷰⑤ 희윤쌤이 묻고 지은이가 답하다!

착했던 내 아이,
어디로 갔을까

—

[상황 파악 편]

선생님, 우리 애는
욕도 할 줄 모르는데요?

대부분의 어머니는 자신이 자녀를 세상에서 가장 잘 안다고 생각한다. 열 달을 품어 낳은 내 새끼를 내가 모르면 누가 알겠냐 싶은 것이다. 하지만 아이러니하게도 아이를 가장 모르는 사람 중 하나가 어머니일 수도 있다.

어느 고등학교에서 폭력 사건이 발생하여 학교폭력위원회가 열렸다. 가해 학생은 평소 폭력을 일삼는 사고뭉치로 선생님들마저도 고개를 절레절레 흔들게 만드는 아이였다. 그런데 담임교사의 호출에 학교를 찾아온 어머니는 놀랍게도 이렇게 말했다.

"선생님, 그런데 저희 아이는 욕도 할 줄 모르는데요?"

아이들이 초등학생 정도가 되면 웬만한 성인보다 더 바쁜 스케줄 속에 산다. 그러다 보니 한 집에 살더라도 부모와 자녀가 함께하는 시간이 생각보다 많지 않다. 상황이 이러하다 보니 의외로 가장 가까이에 있는 부모가 자녀의 심리적·신체적 변화를 알아채지 못할 수도 있다. 부모가 알고 있는 자녀의 모습은 이미 과거의 모습에 불과하거나 현재 모습의 일부일 수 있다.

"선생님, 저희 애가 초등학교 때는 안 그랬거든요. 근데 너무 이상해졌어요."

"쟤가 어떻게 저렇게 행동할 수 있지요?"

삶의 기쁨이자 행복이던 아기 천사들은 사춘기가 가까워지면서 이해할 수 없는 존재로 변하기 시작한다. 말로만 듣던 '중2병'이 시작되고 학교에서 전화라도 오기 시작하면 부모는 그야말로 멘붕 상태에 이른다. 예쁘고 착하기만 했던 우리 아이가 이제는 지긋지긋한 원수처럼 느껴진다.

수시로 약속을 어기고, 제멋대로 생활하려고 하니 함께 사는 것도 여간 스트레스가 아니다. 참다못해 뭐라고 한마디 하면 마지못해 겨우 대답만 할 뿐 미동도 없다. 여기서 좀 더 다그치면 "알았다니까!"라고 적반하장으로 소리를 질러대니 아이를 보는 것만으로도 가슴이 답답해진다.

엉덩이는 또 어찌나 무거운지 "빨리! 빨리!"를 몇 번이나 반복해야 간신히 학교나 학원으로 나서기 일쑤다. 말로는 공부한다면서 하루 종일 스마트폰만 붙잡고 있으니 속이 터질 지경이다. 부모 말이라면 안 듣기로 결심이라도 한 것처럼 죽어라 말을 안 듣는다.

내가 사춘기를 주제로 책을 쓴다고 하자 어떤 선생님은 이런 말을 했다.

"도대체 왜 사춘기 애들은 밥이 있어도 라면을…. 특히 그렇게 컵라면을 먹는 걸까요? 정말 이해할 수가 없어요."

학교 현장에서 아이들을 가르치고 있는 교사라 할지라도 내 자녀의 사춘기는 어려운 문제다. 특히 사춘기 특유의 변덕을 이해하기는 쉽지 않다. 지금 눈앞에 있는 저 이상한 아이가 과연 우리 아이가 맞나 싶기만 하다.

요즘은 초등학생 정도만 되어도 여자아이들이 화장을 시작한다. 어떤 아이는 성인 못지않은 풀 메이크업을 하고 학교에 온다. 만약 어머니가 화장하는 것에 대해서 강력하게 반대한다면, '민낯'으로 집을 나서서 '분장 중'으로 등교를 하며 학교에서 '풀 메이크업' 상태를 유지한다. 아침에 일어나는 것만으로도 바쁘고 힘들 텐데 왜 번거롭게 화장을 하고 등교를 하는 것일까. 화장을 하는 아이들에게 그 이유를 물어봤더니 예상외의 답변이 나왔다.

"선생님, 쌩얼로 나가면 창피하잖아요."

'화장을 한 상태가 훨씬 예뻐서' 혹은 '남자애들에게 잘 보이기 위해서'라는 그럴 듯한 이유가 아니었다. 열다섯 살짜리 아기라고 생각했던 아이들이 스스로를 여자로 인식하고 사회생활을 하는 최소한의 매너를 갖추겠다는 대답이 사뭇 놀랍다. 이처럼 어른들에게는 이해하지 못할 행동이라도 사춘기 아이들에게는 나름의 이유가 있다. 혹여 아이가 이해하지 못할 행동을 하고 너무 변해버려 낯설지라도 지금이 자신만의 캐릭터를 완성하는 시기임을 인정해야 한다.

예전에 만났던 유정이도 너무 낯설어진 아이 중 한 명이었다. 어려서부터 유정이는 동네에 소문난 책벌레였다. 그런 아이를 보면서 어머니는 앞으로 공부 걱정은 안 해도 되겠다고 생각했다. 그런데 중학생이 되면서 상황은 완전히 달라졌다. 유정이는 책은 거들떠보지도 않고 친구들과 놀러만 다녔다. 어쩌다가 책하고만 놀던 책벌레가 책을 단 한 권도 읽지 않는 아이로 변했는지 어머니는 너무 안타깝고 속상하다고 했다.

그 이유는 매우 간단하다. 천.지.개.벽. 유정이의 세상이 바뀐 것이다. 초등학생 유정이에게는 '책'이 세상의 전부였다. 하지만 사춘기에 들어와서는 그보다 더 매력적인 '친구'라는 세상이 나타났다. 또래들과 어울리는 것이 즐겁고, 예쁜 외모 덕분에 아이들에게 인기 있는 지금이 너무 좋으니 굳이 책을 붙잡을 이유가 없는 것뿐이다.

유정이처럼 사춘기 이후 아이들은 환골탈태 수준의 변화를 겪기도 한다. 그리고 부모님은 180도 달라진 아이를 받아들이기 쉽지 않다. 왜 그럴까?

단도직입적으로 말하면 변화의 방향이 부모의 기대에 전혀 부응하지 않기 때문이다. 책벌레였던 아이의 모습은 받아들일 수 있었던 자녀의 모습이다. 그런데 화장을 하고 다니는 아이, 독서나 공부보다는 이성 및 동성 친구들과 어울리는 것을 더 좋아하는 아이의 모습은 미처 상상하지 못한 모습이다.

안타깝게도 단 한 번도 상상하지도 못한 사춘기 때의 모습이 자녀의 진짜 모습이다. 만약 아이의 변화를 인정하지 못하고 예전과 같은 모습을 보여 달라고 호소한다면 아이와의 사이는 극도로 나빠지게 될 것이다. 아이는 이미 온몸으로 변화의 신호를 보내고 있는데 그것을 거부한다면 소통은 단절될 수밖에 없다.

그러므로 자녀가 사춘기에 접어들었다고 판단되면 부모는 가장 먼저 '수용'의 자세를 보여야 한다. 과거에 내가 사랑했던 그 예쁜 아이는 추억 속으로 밀어 넣고 변화된 아이를 끌어안아 보자.

희윤 쌤의 토닥토닥 한마디

어린아이인 줄만 알았던 자녀의 변화에 많이 놀라셨지요?

무더운 여름인가 싶으면 가을이 성큼 다가오듯 아이들도 자연스럽게 사춘기에 접어듭니다. 자신의 변화를 스스로 인식하는 영리한 아이들도 있지만, 그렇지 못한 아이들이 더 많답니다. 그래서 변화된 아이의 모습을 부모가 거부하거나 소스라치게 놀라면 도리어 자신이 적반하장으로 성을 내기도 하지요.

이럴 때는 오히려 부모님의 담담한 태도가 도움이 됩니다. 아이의 변화를 자연스럽게 받아들이는 거지요. 사춘기 때 격변하는 것이 당연하다는 자세를 취하면 아이는 변화 속에서도 중심을 잡기 마련입니다. 밀려오는 파도 속에서도 중심을 잡는 서퍼(Surfer)로 아이를 키우면 어떨까요?

머리로는 도저히
이해할 수 없는 시기

학교에서 담임을 하면서 가장 힘든 때는 아이가 학교에 오지 않을 때다.

"오늘도 학교에 안 올 거니?"

답이 오지 않는 문자를 하염없이 기다리며 혹시나 하는 마음으로 녀석의 등교를 목 빠지게 기다린다. 옆자리 선생님은 이제 그만 포기하라며 안 되는 건 안 되는 거라고 충고했다.

내가 기다리던 녀석은 성격이 쾌활하고 영리한 아이였다. 그럼에도 학교생활을 재미없어 했고, 학교를 별로 좋아하지 않았다. 게다가 어머니와 성격이 너무 달라 사사건건 부딪히면서 친구 집에 가거나 반항심으로 등교를 거부하기도 하였다. 아이는 "검정고시를 치겠다.", "전학을 가겠다."는 말을 반복하며 무단 결석을 밥 먹듯 했다.

어머니는 왜 아이가 저러는지 이해할 수 없다고 했다. 해달라는 것도 다 해주었고 특별한 일도 없는데 학교 가기 싫다고 하니 방법을 못 찾는 눈치였다. 일 년 가까이 상담하면서 '도대체 왜 그럴까?'에 대해서 많은 이야기를 나눠봤지만 나 역시 뾰족한 원인을 찾을 수 없었다. 그러다가 어느 날 그 궁금증을 풀 수 있는 기회가 왔다.

아이가 결석을 해서 한 시간 정도 전화 상담을 하고 있을 때였다. 어머니는 조심스레 짐작되는 바가 하나 있다고 했다. 사뭇 심각한 어조로 말을 꺼내서 나도 모르게 긴장이 됐다.

"선생님, 아무래도 임신 중에 미꾸라지를 먹어서 그런 것 같아요. 그래서 얘가 미꾸라지처럼 안 잡히는 거 같아요!"

나는 이 말을 듣고 옆집에 소리가 들릴 정도로 박장대소했다.

"아이고, 어머니! 드디어 이유를 찾았네요. 미꾸라지가 잘못했네요."

얼마나 속이 탔으면 임신 중 먹었던 미꾸라지까지 떠올리게 되었을까. 한참을 웃으면서도 어머니의 답답한 마음이 헤아려지는 순간이었다.

사춘기 아이들의 행동은 돌발적이고 감정적이다. 어떠한 상황을 전체적으로 이해하고 행동하기보다는 그때 그 순간의 기분대로 행동하는 경향이 크다. 무단 지각을 하지 않기 위해 아침마다 열심히 뛰어오면서 출결 점수를 잘 관리하던 아이가 다른 학교 친구들의 시험이 끝났다고 덩달아 동아리 수업을 빠지고 무단 결과를 해서 큰 감점을 당하는 맥락 없는 일을 저지르기도 한다.

이성적인 판단력을 지니고 있는 어른들은 사춘기 아이들의 즉흥적인 행동들을 이해하기 어렵다. 사실 같은 나이라고 할지라도 각자가 처해 있는 상황이나 생각의 수준이 다르기 때문에 아이들끼리도 서로를 이해하지 못하는 경우가 많다. 사춘기는 근본적으로 자아를 찾아가는 과정이므로 타인과의 대립은 필연적이다.

청소년들이 감정적이고 충동적인 행동을 하는 이유는 뇌 발달과 밀접한 관련이 있다. 즉, 이성적인 판단을 주관하는 전두엽이 아직 발달하지 못했기 때문이다. 어른들은 정보를 해석하고 의사를 결정할 때 뇌의 앞부분인 전두엽을 활용하여 논리적이고 이성적으로 판단한다. 반면, 10대는 발달 진행 중인 전두엽 대신 뇌의 측두엽 내측에 있는 편도체로 정보를 해석하고 의사를 결정한다. 편도체는 원시적인 뇌로 태어날 때부터 완성된 곳이며 이성보다는 감정을 관장하는 영역이다. 그러므로 청소년들의 의사 결정은 감정에 더 치우치게 된다. 따라서 사춘기 청소년들의 행동을 어른의 기준으로 판단하지 말고, 그들의 충동적인 생각과 행동이 성숙해질 때까지 기다려주어야 한다.

일반적으로 전두엽은 서른이 넘어야 완전히 발달한다고 알려져 있는데 학교에서 아이들을 가르쳐보니 일 년 사이에도 아주 비약적인 발전을 한다는 사실을 발견했다. 겨우 한해가 지났을 뿐인데 아이들은 많이 성장하고 성숙해진다.

'과연 저 녀석이 사람이 될까?'

'중학교는 무사히 졸업할 수 있을까?'

이런 걱정을 하게 만들었던 아이들이 올해는 지각 한 번 없이 성실하게 학교를 나오고 열심히 공부하는 모습을 보면 눈물겹도록 대견하다.

누구라도 사춘기만 잘 넘기면 멋진 어른으로 성장할 수 있다. 그러니 아이들의 변화를 거부하고 두려워하기보다는 어떤 변화를 거쳐서 어떻게 성장할까에 집중하고 관심을 기울여주는 것이 좋겠다.

비록 아직은 이해하지 못할 행동을 반복한다 하더라도 섣불리 비난하지 말고 따뜻한 시선으로 바라봐주면 어떨까. 부모가 그리고 교사가 사춘기 아이들에게 따뜻한 시선을 보낼 때 비로소 아이들은 자신에 대한 성찰을 시작할 수 있다.

희윤 쌤의 💬
토닥토닥 한마디

개구쟁이 녀석들을 가르치다 보면 저도 모르게 언성이 높아집니다. 목이 얼얼할 정도로 소리를 지르고 나면 '왜 그렇게 내가 소리를 질렀을까.' 후회하고 반성하게 되지요.

부모님들도 마찬가지일 것입니다. 자녀를 이해하려고 노력하다가도 실패하는 경우가 많이 생기지요? 그럴 때 너무 자책하지 마세요. 어른이기 전에 부모도 사람입니다. 감정을 좀 추스른 후에 아이와 다시 대화를 시도하면서 천천히 부모님의 감정을 설명해주세요. 아이가 생각보다 상황을 잘 이해하고 있다는 것을 발견할 수 있을 겁니다. '이 녀석이 내 새끼인가?'라는 마음이 '이 녀석은 역시 내 새끼구나.'라는 마음으로 바뀔 수 있습니다.

착했던 내 아이,
어디로 갔을까

인간의 본성을 설명하는 이론에는 크게 세 가지가 있다. 첫 번째 성선설, 두 번째 성악설, 세 번째 성무선악설이다. 성선설(性善說)은 태어날 때부터 인간의 본성이 착하다는 입장이고, 성악설(性惡說)은 인간의 본성은 본래 악하지만 교육이나 훈련, 통제 등을 통해서 착해질 수 있다는 입장이다. 마지막으로 성무선악설(性無善惡說)은 인간의 본성은 선하지도 악하지도 않다는 것이다.

임용 고시를 공부할 때 어느 교육학 강사가 한 말이 생각이 난다. 자신이 석·박사 공부 중일 때는 '성선설'을 지지했는데, 육아를 하며 '성악설'을 지지하게 되었다고 한다. 하루 종일 종이를 찢고 집을 어지럽히는 아이를 보면서 인간의 본성은 원래 악한 것이나 교육을 통해 선해진다는 사실을 알게 되었다는 것이다.

그녀는 일찍이 '성악설'을 깨달았지만 대부분의 부모는 아이가 사춘기가 되어서야 이런 마음을 갖게 되는 경우가 많다. 분명 착하고 순했던 아이였는데 언제부터인가 낯선 아이로 변해 끝날 줄 모르는 기 싸움을 한다.

사춘기는 무사히 지나야 할 '터널'이다. 부모는 아이가 그 터널을 잘 빠져나올 수 있도록 '안내등'이 되어 주어야 한다. 그렇지 못하면 착했던 내 아이가 도대체 어디로 갔는지 찾고 헤매다가 후회하는 일이 생길 수도 있다.

준혁이는 중학교 때까지 전교회장을 할 정도로 성실한 모범생이었다. 중학교 졸업 이후 집에서 한참 떨어진 읍내의 공고로 진학하게 되었고, 거리 때문에 혼자 자취를 시작하게 되었다. 자취 생활을 시작하자 친구들은 삼삼오오 준혁의 자취방에 모이게 되었다. 남자 고등학생 여럿이 한 방에 모이게 되면서 술, 담배, 패싸움 등 온갖 나쁜 짓의 향연이 시작되었다.

게다가 태권도를 잘했던 준혁이는 주먹깨나 쓴다는 명분으로 여기저기 싸움에 휘말렸다. 방황하는 마음을 술과 주먹으로 풀다 보니 징계가 누적되었고 퇴학 위기에 처했다. 준혁이의 아버지는 고등학교 졸업장은 받게 해야겠다는 생각에 학교에 찾아가 애원했다. 그런 아버지의 노력으로 그는 겨우 고등학교 졸업장을 받을 수 있었다. 그러나 준혁이는 고등학교 졸업 후에도 술에 의존하며, 술을 마시면 감춰진 화를 내는 공격적인 남성으로 성장했다. 준혁이의 부모는 중학교 때까지 얌전하게 공부 잘하던 아들이었으니 고등학교에 가서도 변함없을 것이라고 믿었지만 결과는 참혹했다.

이처럼 사춘기 시절에는 극단적인 변화가 수반될 수도 있다. 상황이 이렇다 보니 사춘기가 반갑지 않은 불청객으로 여겨질 수도 있을 것이다. 그러나 이 시기의 극적인 변화가 나쁘지만은 않다고 생각한다. 오히려 잘만 보내면 아주 좋은 인격 형성을 할 수 있는 도약기가 될 수 있다.

나는 사춘기 청소년들의 모든 변화를 사랑한다. 이 변화의 가능성 때문에 아이들을 가르친다고 해도 과언이 아니다. 이미 성장한 어른들은 거의 변하지 않는다. 하지만 사춘기의 아이들은 순식간에 긍정에서 부정으로, 부정에서 긍정으로 변화할 수도 있다. 그러니 착한 내 아이가 없어졌다는 것에 상심하지 말고 아이들을 긍정적인 변화로 이끌어야 한다.

지금은 대학생이 되어 열심히 알바를 하며 돈을 모으고 있는 효진이도 격동의 사춘기를 보냈던 아이다. 그녀는 고등학교 2학년 때 대학 진학을 하지 않겠다고 선언했다. 그러고는 친구들과 어울려 학교를 빼먹는 등 불성실한 생활을 시작했다. 때문에 어머니는 중이염에 걸릴 정도로 까맣게 속이 탔다.

아이의 늦은 사춘기에 주변 사람들은 속수무책이었다. 차라리 아이에게 확고한 목표가 있다면 대학을 가지 않는 대신에 그것을 지지해주라고 했겠지만 효진이에게는 딱히 그런 것도 없었다. 보다 못한 내가 그런 효진에게 편지를 한 통 썼다.

"효진아, 대학에 가지 않아도 좋아. 그런데 대학에 갔을 때 제일 좋은 점은 대학 문화를 즐길 수 있다는 거야. 내 인생에 가장 즐거웠던 때는 대학교 다닐 때였어. 너도 그런 즐거운 경험을 한다면 참 좋을 것 같다."

내 진심이 아이에게도 닿았던 것일까. 효진이는 수능을 무사히 치른 후 당당히 4년제 대학에 입학했다. 지금은 언제 그랬냐는 듯 누구보다 예쁘고 열정적인 대학생으로 열심히 생활하며 인생을 즐기고 있다.

아이가 사춘기에 접어들면 부모들은 보통 3단계의 감정 변화를 겪는다. 처음에 겪는 감정은 '놀람과 당황'이다. 아이가 이렇게 변할 수 있다는 것을 예상하지 못했기 때문에 놀라고 당황한다. 그다음에 느끼는 감정은 '실망'이다. 놀란 가슴을 조금 진정하고 보니 애지중지 키운 녀석의 행동이 괘씸하기 짝이 없다.

다 크지도 않은 놈이 다 큰 것처럼 제멋대로 행동하는 모습을 보니 그동안 고생한 보람이 사그라드는 것 같다. 마지막으로 느끼는 감정은 '분노'다. 저 녀석이 도대체 커서 뭐가 될까. 해달라는 건 다 해주며 키웠는데 왜 저러는지, 자식이 아니라 웬수를 낳았구나 싶어 주체할 수 없는 화가 치밀어 오른다. 이때 화를 참지 못하고 "너만 사춘기냐, 나도 갱년기다!"를 외치며 아이와의 전쟁을 선포하는 부모들도 더러 있다.

하지만 이러한 태도는 아이와 적대관계를 확립할 뿐이다. 부모들의 마음을 이해하지 못하는 것은 아니지만 더 나은 결과를 위해 이 모든 감정은 고이 넣어두고 그냥 그 아이의 변화를 묵묵히 지켜보았으면 좋겠다. 인간이 성장하는 과정에서 통과의례처럼 해야 할 일은 반드시 하고 지나가야 한다. 청소년기에 사춘기 반항을 하지 않고 성장한 아이는 성인이 되어 심한 사춘기를 겪는다는 연구 결과도 있다. 통과해야 할 의식으로 사춘기를 생각한다면 아이들의 사춘기에 대해 조금은 더 너그럽고 초연해질 것이다. 또한 사춘기에 접어든 자녀를 독립된 인격으로 인정하고 그들의 의견을 존중하고 배려한다면 의외로 아이들의 반항기는 현저히 줄어들 것이다.

희윤 쌤의 💬 토닥토닥 한마디

남녀공학에는 CC가 많습니다. 교복을 입고 대담한 애정 행각을 하는 아이들을 볼 때면 깜짝 깜짝 놀라기 마련입니다. 이때 "어린 녀석들이 발랑 까져서 벌써 연애질이나 하고, 앞으로 싹수가 노랗다!"고 말하면 어떻게 될까요?

분명 시대착오적인 꼰대로 취급받을 것입니다. 이럴 경우 교내외에서 하는 진한 스킨십이 왜 문제가 될 수 있는지에 대해 인식하게 만드는 것이 낫습니다. 아이들에게 놀람, 당황, 실망을 모두 드러내어 거리감을 넓히기보다는 유대를 형성하며 훈육하는 편이 훨씬 수월한 교육 방법입니다.

엄마 탓이 아니에요

중학교 2학년 담임을 맡아 아이들과 부모님 사이에서 중간 자적 역할을 하면서 항상 여러 마음이 교차했다. 때로는 부모님 이 조금 더 아이의 입장에서 생각하면 좋을 텐데 하는 아쉬움이 들기도 했고, 아이가 뜻대로 되지 않아 마음고생을 할 때는 얼 마나 힘드실까 하는 안타까움이 들었다.

"선생님, 그거 알고 계세요?"

우리 아이에게 이런 일이 있었는데 담임교사는 과연 알고 있 을까 하는 염려로 종종 부모님들이 질문하신다. 그때마다 내 대 답은 한결같다.

"네, 알고 있지만 지켜보고 있습니다."

나는 평소 아이들과 매우 밀접한 관계를 유지하는 편이라 그들의 교우 관계에 대해 대체로 잘 알고 있지만 섣불리 개입하려 하지 않는다. 왜냐하면 아이들에게는 그들만의 리그가 있기 때문이다. 처음에는 나도 아이들의 교우 문제를 직접 해결하려고 전전긍긍했다. 이러한 내 모습을 볼 때마다 나의 멘토 김성천 선생님은 이렇게 조언하셨다.

"장 선생, 신경 쓰지 마. 저러다 금방 또 화해해."

처음에는 그 말을 믿지 못했다. 내 눈에는 갈등이 시간이 지날수록 점점 회복 불가능한 수준으로 치닫는 것 같았기 때문이다. 그런데 놀랍게도 다툼의 순간이 기억에서 희미해질 때쯤 되면 언제 그랬냐는 듯 아이들은 다시 손을 잡고 깔깔거렸다.

이런 일들을 몇 번 겪게 되자, 나는 아이들의 문제를 해결하는 데에는 어른의 '개입'보다는 '관찰'이 필요하다는 결론에 이르게 되었다. 아이들은 어른의 도움이 필요한 순간이 오면 스스로 찾아와 도움을 요청한다. 그때에 적절한 도움을 준다면 얼마든지 문제를 해결할 수 있다. 아이들이 직접 해결할 수 있도록 기회와 시간을 주면, 문제 해결력은 더 높아지고 결과 또한 긍정적일 것이다.

그렇지만 대부분의 부모님은 나와 입장이 다르다. 특히 내 아이가 상처 입고 마음이 아픈 때에 부모로서 해줄 것이 없다면 그 속상함은 말로 형언할 수 없을 것이다. 미혜의 경우도 그러했다.

미혜는 방학을 며칠 앞두고 친구들과 싸웠다. 아이는 미안하다고 친구들에게 거듭 사과를 했지만 친구들은 미혜의 사과를 받아주지 않았다. 나는 미혜가 방학 동안 친구들과 화해를 하고 올 것이라고 생각했다. 그런데 여름방학이 지나도 아이들은 화해하지 않았다. 대치 상황이 지속되자 오히려 미혜가 마음의 문을 닫아버렸다. 자신은 이미 사과도 했고 친구들과 잘 지내려고 계속 노력했지만 상황이 바뀌지 않으니 이제는 아무것도 하지 않겠다고 선언했고 급기야 급식을 먹지 않기 시작했다.

나는 이런 상황을 알게 된 후 미혜 어머니와 통화를 했다. 아이의 어머니도 속이 까맣게 타고 있는 상황이었다. 교우 관계도 걱정되는 마당에 점심까지 굶고 있으니 어머니는 무척 속상해하셨다.

하지만 며칠 뒤, 아이들은 한 번도 싸운 적 없던 사람들처럼 조용하게 화해했다. 미혜는 전처럼 급식을 다시 먹기 시작했고, 어머니도 매우 기뻐하셨다. 부모에게 자식 입에 밥 들어가는 것만큼 좋은 게 없다는데 하루 종일 굶을 딸을 생각하면 얼마나 마음이 아팠을까. 이처럼 사춘기 자녀를 키우며 많은 부모들이 눈물을 삼키고 있다.

교우 관계에서 오는 갈등이 아이들에게 아픔이기도 하지만 더 큰 도약을 위한 성장통이 되기도 한다는 것을 기억하고 냉정을 유지할 필요가 있다. 현실적으로 부모가 자녀의 모든 고통을 해결해줄 수는 없다. 아이가 어른이 되어서도 자신의 아픔을 이겨내는 사람으로 성장하기 위해서는 '자생력'을 길러줘야 한다. 아이가 아파하는 것을 보는 일이 괴로울지라도 아이가 스스로 상처를 소독하고 일어나도록 두어야 한다. 부모의 어설픈 개입이 오히려 아이의 상처를 덧나게 하고 아픔을 키울 수도 있다.

그리고 무엇보다 아이들이 아프다고 해서 부모가 같이 아프지 않았으면 좋겠다. 아이가 아픈 만큼 부모가 고통 받고 있다면, 아이는 의지하고 돌아올 곳이 없다. 아이들은 어른들이 생각하는 것보다 '회복 탄력성'이 높다. 그래서 아팠다가도 금방 잊고 밝아진다. 그러나 정작 어른들은 그렇지 못하다. 사춘기 아이들의 상처를 온전히 부모가 짊어지게 되면 부모는 무기력감을 느끼게 되고 삶의 고통이 커지게 된다. 이는 가족 전체의 삶의 질을 떨어뜨리는 요인으로 작용한다. 그러니 아이들의 아픔에 너무 몰입하지 않는 것이 좋다.

'아프냐? 나도 아프다.'와 같은 관점보다는 '아프니까 사춘기지.'라며 거리를 두는 것도 방법이 될 수 있다. 또 아이들의 문제가 잘 지나갈 것이라고 믿었을 때 실제로 잘 지나가는 경우가 많다.

부모가 사춘기 자녀의 문제점을 자신들의 잘못으로 여기거나 받아들일 때 부부 간의 사이가 나빠지는 경우도 많다. 간혹 아주 권위적이거나 매우 바쁜 직업을 가진 아버지는 자녀가 뜻대로 되지 않을 때 어머니에게 도대체 집에서 애 교육도 제대로 안 시키고 뭐했냐며 화를 내는 경우도 있다. 이런 경우 어머니는 이중으로 고통을 겪는다.

한 부모 자녀가 아니면 아이의 교육 책임은 부부가 공동으로 진다는 생각을 가져야 한다. 그리고 자녀가 잘못된 행위를 했을 때 이를 어떻게 해결할 것인가에 대해서만 집중하고 서로에게 책임을 따지지 않도록 해야 한다. 자녀의 아픔을 객관적으로 바라보고 적당한 거리에서 사춘기 자녀의 홀로서기를 응원하는 부모가 진짜 지혜로운 부모다.

**희윤 쌤의 💬
토닥토닥 한마디**

헬리콥터 맘이라는 신조어를 들어본 적이 있나요? 헬리콥터 맘이란 자녀가 대학에 가거나 사회생활을 하게 되더라도 여전히 자녀의 곁에 머무르며, 모든 일에 참견하는 어머니를 이르는 말입니다. 이는 부모님들의 관심이 자녀에게 집중되고, 자녀의 삶과 부모의 삶을 동일시하는 데에서 비롯되었다고 볼 수 있습니다.

하지만 이런 태도는 자녀를 성인으로 성장시키지 못하고, 청소년에 머무르게 하는 결과를 낳게 됩니다. 아이들의 삶도 중요하지만 부모의 삶 역시 소중합니다. 아이들의 삶에 너무 깊숙하게 관여하다 보면 자신의 삶에 대해 헤매게 됩니다.

상담가나 정신과 의사들은 내담자들의 고민에 너무 깊숙이 개입하지 않으려는 훈련을 합니다. 너무 깊게 그들의 삶에 몰입하다 보면 자신까지 힘들어져 결국 그 일을 할 수 없는 지경에 이르게 되기 때문입니다.

부모도 마찬가지입니다. 자녀와 부모는 깊게 연결될 수밖에 없지만 운명 공동체는 아닙니다. 자녀의 일은 자녀가 스스로 결정하고, 아픔 역시 혼자 이겨낼 수 있도록 응원해주는 것이 필요합니다. 부모의 아픔을 자녀가 짊어질 수 없듯이, 자녀의 아픔도 부모가 대신해줄 수는 없습니다. 내면이 단단한 아이로 만들기 위해 좀 더 강하게 키우는 것은 어떨까요?

너는 힘들지만,
나는 눈물겹다

예전보다 학교 문턱이 많이 낮아졌지만 여전히 자녀가 다니는 학교는 부담스러운 곳이다. 여기에 담임교사가 전화까지 한다면 반갑지 않은 게 사실이다.

우리 반에 개구쟁이 녀석이 한 명 있었다. 그 아이가 다치거나 문제가 생길 때마다 어머니께 전화를 드렸더니 이제는 내 번호만 봐도 겁이 덜컥 난다고 하셨다. 그 뒤로는 급한 일이 아닌 경우 어머니들께 문자를 이용해 먼저 연락을 드린 뒤 전화를 하려고 노력했다. 학교에 와야 하는 일이 생기는 것 자체가 어머니 입장에서는 얼마나 가슴 철렁한 일인지 아이들은 잘 못 느낀다.

1장 | 착했던 내 아이, 어디로 갔을까 **39**

지난해에 있었던 일이다. 교무실 입구에서 1학년 2반 담임을 찾는 학부모가 있었다. 단정한 단발머리에 H라인 스커트가 잘 어울리는 미모의 중년 여성이었다. 그런데 잠시 후 담임교사를 기다리던 그 어머니는 눈물을 주룩주룩 흘리기 시작했다. 당황한 교감선생님이 어떤 학생의 어머니이시냐고 계속 물어보았지만 어머니는 대답을 못한 채 통곡하기 시작했다. 결국 우리는 그분을 상담실로 모실 수밖에 없었다.

자초지종을 알고 보니 이분은 중학교 학부모가 아니라 바로 옆 학교 학부모였다. 학교 폭력 사안 때문에 학교에 오셨다가 담임교사를 만나기 전에 눈물부터 쏟아진 것이다. 아이가 어떤 문제를 일으켰는지는 정확히 알 수 없었지만 적어도 이 어머니가 얼마나 애가 탔을지 알 수 있었다.

아이들은 자신이 먼저이기 때문에 미처 부모까지 생각할 겨를이 없다. 본인이 친 사고를 수습하느라 종종걸음을 재촉할 부모는 안중에도 없다. 지독한 짝사랑에 부모는 눈물이 마를 날이 없다. 특히 학교 폭력 사안이나 교칙 위반으로 학교에서 호출을 받는다면 자녀에 대한 실망감과 자괴감은 이루 말할 수 없을 정도다.

학교폭력이란 학교폭력예방 및 대책에 관한 법률에 따라 학생을 대상으로 발생한 신체나 정신, 재산상 피해를 수반하는 행위를 말한다. 학교폭력이 발생하면 피해 정도와 피해자의 의사 등을 고려하여 학교폭력자치위원회(이하 학폭위)가 열릴 수도 있다.

반면 선도위원회(이하 선도위)란 학생이 교칙과 저촉되는 행위를 했을 때 열리는 심의 기구다. 예를 들어 선생님에게 불손한 언행 또는 욕설을 하거나 흡연이나 염색 등 교칙을 위반하는 행위를 했을 때 선도위에 회부될 수 있다.

학폭위나 선도위는 아이들을 바르게 지도하려는 목적을 지니고 있다. 부모님 중 일부는 학폭위나 선도위가 추구하는 방향이 징계나 처벌이라고 왜곡하기도 한다. 징계나 처벌은 부수적인 차원이며, 이러한 기구의 궁극적인 목적은 아이들의 회복적 생활 교육임을 기억해야 한다.

학교폭력은 기본적으로 피해자 우선 원칙을 적용한다. 때문에 가정에서는 아이들에게 어떠한 경우라도 폭력을 행사해서는 안 된다고 교육하는 것이 필요하다.

물론 성향상 분노를 조절하기 힘든 아이들도 있다. 사춘기 아이들은 대부분 '욱' 하는 기질이 있다. 하지만 그 정도가 지나쳤을 경우 'ADHD'나 '분노 조절 장애'를 의심할 수 있다. ADHD가 의심되는 아이가 있다면 적절한 시기에 진단하여 약물을 투여하고 상담 치료 등을 통해 문제행동을 완화시켜야 한다.

ADHD에는 분노를 조절하지 못하는 성향도 있으니 평소 매우 산만하며 분노를 조절하지 못하는 아이가 있다면 검사를 받는 것이 좋다.

ADHD로 진단받은 아이가 약물 치료 등을 통해 증상이 호전되는 경우를 많이 보았다. 그러나 부모 입장에서는 자녀가 ADHD라는 것을 받아들이기 쉽지 않다. 반대로 ADHD 진단을 받은 아이가 스스로 부인하는 경우도 있다. 아이가 진단 결과를 받고 현실을 부정하며 우는 모습에 가슴이 찢어졌다는 분도 있었다.

문제점이 있는 아이의 현재 상태를 정확하게 진단받는 것은 잔혹한 경험이다. 그러나 치료 시기를 놓치게 되면 아이의 상태는 손 쓸 틈 없이 나빠지게 된다. 중학생이라면 문제를 해결하기 최적의 시기이다. 따라서 부모는 골든타임을 놓치지 말고 적절한 때에 적절하게 훈육해야 한다.

2017년 미국 타임지에서 뽑은 세계에서 가장 영향력 있는 10대 중 30인에 선정된 모델 한현민 군도 질풍노도의 중학생 시절을 보냈다. 그는 아버지가 나이지리아인이고 어머니가 한국인인 다문화 가정에서 태어났다. 비록 외모는 흑인에 가깝지만 내면은 순댓국을 사랑하는 '토종' 한국인이다.

모델로 데뷔하기 전까지 그는 놀림을 받는 것이 일상인 학생이었다. 성적은 늘 바닥이었고, 아이들에게 매일 '흑형'이라고 비웃음을 받으며 힘들어했다. 중학생 시절, 그는 갑자기 뭔가 알 수 없는 분노가 끓어올라 가출을 했다. 큰아들이 집을 나갔으니 부모의 속은 까맣게 탔겠지만 정작 한현민 군의 어머니는 그를 찾지 않았다. 한 군은 그때를 이렇게 회상했다.

"엄마가 저를 찾지 않으니까 더 불안한 거예요. 그래서 죄송하다고 하고 집에 돌아갔습니다. 그 뒤론 절대 가출 안 했습니다."

사실 어머니는 속으로 피눈물을 흘렸다. 피부색이 검다는 이유만으로 놀림을 당하는 아들을 보며 미안함과 죄책감이 솟구쳤다. 하지만 이 일을 봐주면 계속 같은 일이 발생할 것이라는 생각에 속마음을 숨기고 아들의 비행에 단호하게 대처했다. 그러면서 돌아온 아들에게 "넌 특별한 존재야!"라고 끊임없이 자신감을 불어넣어 주었고 아들의 자존감을 높여주었다.

이러한 어머니의 노력 덕분에 그는 외모 콤플렉스를 극복하고 대한민국 최고의 모델로 우뚝 서게 되었다. 다문화 가정 출신이라는 그의 배경은 그가 세계로 뻗어나가는 원동력이 될 것이다. 자녀를 더 큰 사람으로 성장시키기 위해서는 때로는 냉정하게 때로는 따뜻하게 대하는 강인한 마음이 필요하다.

희윤 쌤의
토닥토닥 한마디

부모님 입장에서는 내 아이가 사고를 쳤다는 소식을 듣기만 해도 눈앞이 캄캄해질 것입니다. 하지만 감정적으로 대처하기보다는 차분하게 마음을 붙잡고 중심을 잡으셔야, 자녀를 더 나은 방향으로 이끌 수 있습니다. 아이의 상황과 성향을 우선적으로 파악한 뒤에, 아이를 야단치거나 혹은 토닥토닥 위로하며 안아주는 등 적절한 행동을 보이는 것이 좋습니다.

대한민국에서
사춘기 부모로 산다는 것

"엄마! 나 중2병이야!"

아무렇지도 않게 자신이 중2병이라고 밝히는 아이들을 보고 있노라면 무슨 중2가 벼슬인가 싶다가도 걷잡을 수 없는 반항을 보면 역시 무시할 수 없는 난치병인가 싶다. 사춘기 중에서도 가장 유독스럽다는 중2병은 대체 어디서 나온 것일까?

중2병이라는 말은 일본의 한 라디오 방송에서 영화배우 이주인 히카루가 처음 사용했다고 알려져 있다. 왜 하필 사춘기의 정점을 중2로 보는 것일까? 그것은 아마도 애매한 시기가 주는 특수성에 있지 않을까 싶다.

중학교 1학년은 6년간 지내온 학교를 떠나 새로운 시스템에 적응해야 하는 시기다. 입학해서 보니 먼저 자리를 차지하고 있는 선배들이 있어서 자연스레 몸을 사리게 된다. 반면 3학년은 이제 곧 고등학생이 되는 중학교 최고 학년이다. 밑에서 보는 후배들이 두 학년이나 되니 함부로 해서는 안 되겠다는 책임 의식도 있고 나름대로 의젓함이 있다. 이들 틈에서 샌드위치처럼 끼어 헤매고 있는 녀석들이 바로 중2이다.

2017년은 정말 중2들의 해였다. 그중에서도 가장 충격적이었던 사건은 15세 여중생 두 명이 14세 여중생 한 명을 철골과 의자 등으로 두 시간 이상 무자비하게 폭행하고 피해자 사진을 SNS에 자랑스럽게 업로드 한 일이었다. 피투성이의 여학생이 무릎을 꿇고 앉아 있는 모습을 본 사람들은 경악을 금치 못했다.

웬만한 어른도 생각 못하는 이 무서운 일들을 중학생들이 벌였다는 점이 사회적으로 큰 충격을 주었다. 도대체 이런 대한민국에서 아이들을 어떻게 키워야 할까. '소년법 폐지'가 대두될 만큼 아이들의 잔혹한 행동은 이슈가 되었다.

이런 뉴스를 접하게 되면 부모들이 느끼는 두려움은 두 가지다. 혹시 내 아이가 저런 나쁜 사건의 피해자가 되지는 않을까, 아니면 내가 모르는 사이 우리 아이가 저런 가해자가 되지는 않을까 하는 것이다.

사실 그 누구도 안심할 수는 없다. 뉴스에 나올 만한 폭력 사건의 가해자나 피해자가 되는 것을 막기 위해서는 자녀를 잘 살펴보는 것이 유일한 방법인데, 특히 다음의 세 가지 면을 상세하게 관찰해야 한다.

첫 번째로는 자녀의 감정을 살펴야 한다. 사춘기는 정서적·신체적으로 급격한 변화를 겪는 시기다. 청소년들은 자신의 마음을 스스로 다스리지 못하고 기존의 가치관에 대해 부정하는 마음을 '짜증'이라는 형태로 표현하곤 한다. 사춘기 자녀의 짜증은 어느 정도는 예삿일이지만, 너무 자주, 과다하게 짜증을 내면 문제가 된다.

예를 들어 이유 없이 돈을 많이 쓰고 있고 그것에 대해서 지적했을 때 너무 심한 짜증을 내며 거부 반응을 보인다면 주변에서 아이의 돈을 갈취하는 사람이 있을 수 있다. 또 학교에 가는 것을 너무 우울하게 생각하며 아프다는 핑계로 학교를 자주 빠지려고 하면 학교 안에 아이를 괴롭게 만드는 요소가 있을 수 있다. 부모가 이해하기 어려울 정도로 학교를 가기 싫어한다면 그 원인이 친구나 선배 등 인간관계에 있을 가능성이 높으므로, 아이가 혹시 왕따 문제 등으로 힘들어하는 것은 아닌지 살펴봐야 한다.

두 번째로는 자녀의 신체를 살펴야 한다. 남자아이들의 경우

누군가에게 맞더라도 말하지 않는 경우가 많다. 평소 스킨십을 자주 하면서 아이들의 작은 상처도 유심히 살펴보는 것이 필요하다. 또한 자신의 신체를 소중히 생각할 수 있도록 '성교육'을 강화하는 것도 중요하다. '성추행, 성폭행' 등의 범죄를 경험하게 되면 부모에게 바로 말할 수 있도록 사전에 많은 교육을 해주어야 하고, 원치 않는 임신을 막을 수 있는 피임에 대해서도 알려주어야 한다.

세 번째로는 자녀의 친구들을 살펴야 한다. 여기서 자녀의 친구를 살피라는 말은, 아이가 그럴 듯한 친구를 사귀도록 검열하라는 뜻이 아니다. 자녀는 학창시절 친구들을 통해 다양한 인간관계를 경험한다. 잡아먹을 듯 싸우다가도 금세 화해하는 법을 배우기도 하고, 찐한 사랑과 우정을 쌓기도 한다. 그 과정을 먼발치에서 지켜보며 아이가 심하게 좌절하거나 쓰러지지 않도록 곁에 머물러주는 것이 부모의 역할이다.

어른이 되어 사회에 나가면 별별 사람을 다 만나게 된다. 학창 시절에는 친한 친구들하고만 어울리면 되지만 사회에 나와서는 연령, 학력, 지역을 초월한 사람들과 만나고 부딪히게 된다. 그 과정에서 인간관계 경험이 부족한 사람들은 관계 형성에 어려움을 겪게 되고, 일에서도 위축되기 마련이다. 그러니 사춘기 시절 미리 이러한 인간관계를 경험해보게 하는 것도 나쁘지 않다.

대한민국에서 사춘기 자녀의 부모로 산다는 것은 자녀와의 동상이몽을 체험하며 도를 닦는 것을 내포한다. 청소년은 몸은 어른이지만 생각은 아이와 어른을 왔다 갔다 하는 불균형적 생명체다.

남자아이들은 부끄러움도 없이 서로의 신체를 비교하며 어느 부위에 털이 있는지 없는지 말하면서 낄낄거린다. 여자아이들은 귀신 같은 가부키 화장을 하면서 또래의 시선과 반응에 목숨을 건다. 몸은 컸을지언정 마음은 아직 자라지 않았으니 여러 문제상황들이 생기는 것은 당연한 일이다.

하지만 다행스러운 것은 이 또한 지나간다는 것이다. 태풍 같았던 아이들을 지도하면서 욕설, 가출, 결석, 폭행 등 다양한 문제상황을 대면했다. 하지만 시간이 지난 지금 그 아이들은 어엿한 예비 졸업생이 되어 고등학교 진학을 준비하고 있다. 언제 그런 일을 저질렀나 싶을 정도로 착하고 의젓하다. 머리카락을 잡고 싸웠던 녀석들은 둘도 없는 단짝이 되어 있다. 대한민국에서 사춘기 부모로 산다는 것은 고통이지만 곧 지나갈 소나기라는 말로 조금이나마 위안을 드리고 싶다.

"이 또한 지나가리라."

혹독한 중2병을 겪는 사춘기 부모님들께 이 문구를 가슴에 새기시라고 권하고 싶습니다. 꽤 길게 중2병을 앓는 몇 명을 제외하고는 대개 1~2년 안에 지나갑니다. 끝날 것 같지 않던 장마가 그치듯, 아이들과 씨름하다 보면 어느새 사춘기라는 먹구름이 저만치 지나가고 더욱 따뜻한 햇살이 다시 여러분을 비출 것입니다.

문제아 뒤에는
문제 부모가 있다

몇 년 전 〈학교 2013〉이라는 드라마가 방영된 적이 있다. 기간제 교사의 험난한 학교생활이 잘 드러난 드라마여서 열심히 시청했던 기억이 있다. 그중에서도 눈길이 갔던 등장인물은 '오정호'라는 일진 학생이었다. 애들을 괴롭히고 돈을 빼앗던 아이. 담임교사는 정호가 학교에 나오지 않자, 장기 결석의 이유를 확인하러 가정을 방문한다. 계속 찾아갔지만 몇 날 며칠이 지나서도 아이는커녕 부모님조차 만날 수 없었다. 그러다 어렵사리 만난 알코올 중독 아버지를 통해 가족들이 뿔뿔이 흩어져 지낸다는 것을 알게 된다. 어머니와 형은 아버지의 폭력에 못

이겨 이미 집을 나갔고, 정호 역시 아버지의 폭행을 못 견뎌하고 있었다. 태어나서 한 번도 가족의 사랑을 받아본 적이 없는 사춘기 소년 오정호는 결국 고등학교 중퇴자가 되어 드라마에서 퇴장한다.

나중에 밝혀진 이런 사연을 알고 나서야 그동안 극중에서 정호가 했던 말이나 행동이 이해가 되었다. 그중 유독 두고두고 잊히지 않는 한 장면이 있다. 국어를 가르치던 담임교사가 정호를 교실에 남겨 홀로 시를 쓰게 시켰는데, 그때 정호는 불만 가득한 얼굴로 종이에 이 한마디 남기고 교실을 나선다.

'시를 쓴다고 무엇이 달라지나!'

시를 쓴다고 자신의 비극적 가정사가 해결되지 않을 것이며, 자신을 도와줄 사람이 아무도 없다는 사실을 정호는 처음부터 알았던 것이다. 참으로 가슴 아픈 일이다.

모든 결손가정의 자녀들이 문제아가 되는 것은 아니지만 가정에 문제가 있는 경우 사춘기 아이들이 마음을 잡지 못하고 비행하는 경우가 많다.

하지만 아이 못지않게 중요한 것은 부모의 인생과 행복이다. 어쩔 수 없는 상황에 의해 떨어져 지내는 부부가 생길 수 있는 것이 현실이다. 오히려 부부 사이가 원만하지 않은데 아이 때문에 억지로 참거나 부부로서 관계를 지속하는 것이 오히려 아이에게 안 좋은 영향력을 끼칠 수 있다. 부모가 싸우는 모습을 자주 보면, 아이들이 정서적으로 불안을 느끼게 된다. 세상에서 가장 사랑하는 사람인 부모가 싸우는 행위는 큰 공포이자 스트레스이기 때문이다.

그러니 되도록 아이들 앞에서 싸우지 않도록 해야 하고, 문제가 있을 때는 지속적 대화나 상담을 통해서 해결하려고 노력해야 한다. 화목한 가정을 만들려고 노력하되, 어쩔 수 없는 경우 아이들에게 최대한 상처를 주지 않으면서 헤어지는 방법 또한 고민해야 한다. 물론 이 과정에서 아이들을 이해시키고 배려하는 것은 필수적이다. 또한 서로 간에 '부부'로서의 인연은 끝나더라도 '부모'로서의 유대는 계속되어야 한다.

"선생님, 정말 문제아 뒤에는 문제 부모가 있는 것 같습니다."

철수 어머니는 울면서 나에게 이런 말을 하셨다. 사교육에서부터 공교육까지 많은 아이들을 만났지만, 철수는 여태까지 만났던 학생들 중에 가장 심한 학생이었다. 고3 수능을 한 달 앞둔 시점까지 엄마와 싸우고 가출을 했던, 정말이지 징글징글하게 속을 썩인 녀석이다.

철수는 어릴 때부터 책을 많이 읽어서 꽤나 이해력이 좋고, 아는 것이 많은 학생이었다. 그런데 치명적인 문제가 있었다. 철수는 폭언의 제왕이자 패륜아였다. 전업 주부인 엄마에게 팔자가 좋다는 등의 이야기를 서슴지 않았고, 게임 때문에 스트레스를 받으면 엄마에게 쌍욕을 퍼붓기도 하였다. 그런 녀석에게 부모님은 참으로 헌신적이었다. 어려서부터 모든 것들을 다 해주었고 고등학교에 진학해서는 과외를 붙여서라도 공부할 수 있게 지원을 아끼지 않았다. 하지만 녀석의 사춘기는 고등학생이 되면서부터 오히려 점점 심해졌다.

이러한 사실을 알게 된 아버지는 아이를 매로 다스렸다. 그런데 아버지의 체벌이 아이를 더욱 자극한 것인지, 철수는 아버지가 없는 틈을 이용해서 엄마에게 더 화풀이를 하며 대들었다. 어머니는 어느덧 아들에게 공포감을 느끼게 되었다.

나중에서야 철수 어머니가 나에게 한 말의 이유를 알게 되었다. 철수가 엄마에게 하는 문제행동의 원인은 어머니에게 있었던 것이다. 엄마는 어려서부터 몸이 약했던 철수에게 모든 것을 헌신했다. 맏이였던 철수는 언제나 엄마의 배려를 당연하게 생각했다. 엄마는 아이에게 무엇이든 배울 기회를 주었지만, 아이는 오히려 공부에 질려버렸다. 그러던 중 중2 때 철수가 처음으로 엄마에게 욕을 했다. 하지만 엄마는 '그래, 네가 공부하느라 얼마나 힘들겠니. 나한테라도 스트레스 풀어.'라는 마음으로 넘어가 주었다. 아이는 그 사건 이후 엄마를 먹이 사슬 맨 아래로 생각하는 망나니가 되었다.

이 가정의 어머니와 아이는 모두 곪아가고 있었다. 차라리 엄마가 공부를 강요하지 않았거나 아이의 문제행동을 엄벌하였다면 모자의 관계는 정상적이고 좋았을 것이다. 부모와 자식으로서 기본적 도리를 지켜야만 이런 문제상황이 발생하지 않는다.

아이의 문제는 곧 부모의 문제다. 사소한 습관 하나라도 부모의 영향을 받지 않은 것이 없다. 만약 자녀가 편식을 한다면 부모의 식습관을 살펴보아야 한다. 등 푸른 생선에 DHA가 많아서 먹이려고 하는데 애가 안 먹는다고 하소연 하는 어머니가 있었다. 그래서 일주일에 몇 번이나 고등어 요리를 하시냐고 물었더니 "생선은 비린내가 나서 잘 안 해먹어요."라는 당황스러운 답변을 하셨다. "어머니, 고기도 먹어본 사람이 먹는 거지요." 라고 하고 싶은 것을 꾹 참았다.

내 아이의 문제행동에 대한 원인을 멀리서 찾을 필요가 없다. 그러니 부모는 아이를 보기 전에 자신의 문제가 무엇인지 정확히 파악해야 한다. 그래야 아이들의 문제행동을 바꿀 수 있다.

**희윤 쌤의 💬
토닥토닥 한마디**

훗날 자녀들에게 효도를 받고 싶나요?

그렇다면, 부모님께서 먼저 자신의 부모님께 잘하는 모습을 보이면 됩니다. 부모보다 자식을 우선시하다 보면, 나중에 내 자식도 부모보다는 자녀를 우선하는 사람으로 성장합니다.

좋은 아이를 키우려고 노력하지 마시고, 부모님이 먼저 좋은 사람이 되려고 노력하세요. 아이들은 부모의 축소판이요, 미래입니다.

사춘기일까, 우울증일까

　요즘 각 학교마다 이슈가 되는 사항이 바로 자해와 자살이다. 자해나 자살 사건이 발생하면 해당 학교뿐만 아니라 그 지역 사회까지의 문제로 확대되므로 단위 학교에서는 위기 학생 관리에 대해 촉각을 세우고 있다. 교육청에서도 빈번하게 담당자 및 관리자 연수를 실시하고 있다.

　2016년의 통계에 따르면 9~24세 사이의 청소년 사망 원인 1위가 고의적 자해(자살)라고 한다. 이제 자해나 자살은 특정 아이들의 문제가 아니라 범사회적인 문제로 볼 수 있다. 청소년 자해를 막아달라는 국민 청원이 등장했을 정도다.

최근 자해와 자살들이 폭발적으로 증가한 배경에는 SNS의 영향이 크다. 인스타그램이나 페이스북과 같은 SNS를 통해 자해를 인증하며 자신의 힘든 심정을 호소하는 아이들이 늘어나고 있다. 게다가 자해를 해본 경험이 있는 사람들만이 가입할 수 있는 카페 등도 생겨나 자해에 대한 호기심을 높이며 이를 부추기는 분위기가 형성되는 추세다.

때문에 자해나 자살은 심각한 우울증과 거리가 먼 일반적인 학생들에게도 일어날 수 있는 일이다. 공부를 잘하는 학생이라 할지라도 예외는 아니다. 학업 스트레스를 풀 수 없어서 자해를 선택하는 경우도 있다. 겉으로는 밝고 명랑하게 보이는 학생도 내면적인 외로움과 우울을 감당하지 못해 자해를 시도할 수 있다. 그러니 교사와 부모는 항상 아이들의 감정 변화에 대해 세심하게 관심을 기울여야 한다.

아이들이 쉽게 행하는 자해는 주로 손에 이루어지는 경우가 많다. 일반적으로 손목을 여러 번 긋는다든지 뾰족한 송곳 등으로 손바닥을 찌르는 등의 자해를 많이 한다. 처음에는 티 나지 않게 시작했다가 시간이 지날수록 점점 대범해지고 과감해진다. SNS를 통해 쇄골 근처까지 자해를 한 청소년의 인증샷도 본 적이 있다.

자해가 반복되고 심화되는 까닭은 중독성에 있다. 자해는 내가 힘들다는 것을 남에게 보여주는 메시지인 동시에 이렇게 힘든 상황을 자해라는 수단을 동원해서 견뎌 냈다는 일종의 과시로 볼 수 있다. 이런 복합성으로 인해 자해는 묘한 쾌감을 안겨 주기도 한다. 그래서 한번 발을 들이면 계속 빠져들게 된다.

상담 전문가와 정신과 전문의들은 입을 모아 자해를 막기 어렵다고 말한다. 자해를 하지 말라고 금지할 경우 오히려 자해에 대해 더 큰 욕망을 불러일으킬 가능성이 높아진다. 이보다는 자해를 하는 청소년의 내면을 지속적으로 살펴주고, 자해를 하게 된 배경을 이해하고 공감하는 것이 더 도움이 된다. 그리고 자신의 감정을 자해가 아닌 '말', '글', '미술', '연극' 등의 표현 수단을 통해 표출할 수 있도록 유도해야 한다.

돌이켜보면 대학생 시절 나 역시 일종의 자해를 한 경험이 있다. 나는 스트레스를 받으면 귀에 피어싱을 하곤 했다. 피어싱을 하고 나면 뼈를 뚫는 아픔을 느끼는데 한동안 그 아픔에 신경을 쓰느라 다른 일에 대해 무뎌지는 것이 나름 위안이 되었다. 집안의 첫째로 성장하며 내 생각이나 아픔을 표현하는 데 익숙하지 않은 성향이었는데 대학생이 되며 다시 돌입한 무한 경쟁 체제로 엄청난 스트레스를 받고는 피어싱을 탈출구로 선택했다. 한 번 한 피어싱은 습관이 되어서 나중에는 귀에 9개의 구멍이 생겼다.

자해를 하는 아이들의 경우 과거의 나처럼 속마음을 표현하는 데 익숙하지 않는 아이들일 가능성이 높다. 그리고 자신이 얼마나 사랑스러운 존재인지를 모르는 경우가 많다. 주변에 이러한 청소년들이 있다면 감정을 표출해도 괜찮다고 토닥여주며 '넌 충분히 사랑스러운 존재야.'라고 말해주자.

자해와 더불어 문제가 되는 것이 바로 자살이다. 성인의 자살률 못지않게 청소년 자살률도 급증하고 있다. 자살은 급성 스트레스 장애 혹은 만성 우울증을 기저로 발생한다. 급성 스트레스 장애란 외상 사건을 경험하거나 목격한 후 나타나는 부적응 증상으로 일종의 불안 장애를 의미한다. 왕따, 폭력, 성적 비관 등 특정 사건을 겪은 아이들은 엄청난 죄책감과 절망감을 갖게 되고, 자신의 삶이 이미 끝났다는 비합리적인 사고에 이르게 된다. 극단의 우울과 불안으로 오로지 자살 외에는 선택의 여지가 없다고 여긴다. 급성 스트레스 장애는 보통 우리가 예측하기 어려운 사고와 함께 발생하는 경우가 많기 때문에 주위 사람들의 협력으로 함께 치유하는 것이 필요하다.

급작스러운 우울감이 자살의 원인이 되기도 하지만 대개의 경우 만성적인 우울감이 자살로 이어지는 경우가 많다. 청소년 우울증에 대해 이야기하면 한창 성장기인 그들에게 무슨 우울증이 있냐고 반문하는 분들이 있다.

정서적으로 혼란스러운 사춘기 아이들이 우울증 증상만 있는 경우는 드물다. 대개는 양극성 우울증, 즉 조울증으로 나타난다. 조금만 기분이 좋으면 날아갈 듯 기뻐하다가도, 조금만 나쁘면 끝없는 나락으로 떨어져버린다. 수면이나 섭식, 눈 맞춤, 대인관계 등에서 어려움을 겪는 아이들이 있다면 잘 살펴보는 것이 필요하다. 그들 중 상당수가 내면에 깊은 우울감을 감추고 있는 경우가 있다.

청소년 우울증은 시기나 증상이 특수한 만큼 잘 드러나지 않지만 단순한 사춘기와는 다르다. 슬픈 감정이 지속되고, 무기력증과 육체적 증상(복통, 두통, 수면장애 등)이 동반된다.

청소년 우울증 치료 방법은 세 단계로 이루어진다. 가장 중요한 치료 단계는 바로 상담 및 검사 단계다. 아이가 전문적인 치료를 받을 정도로 우울한 것인지를 먼저 상담을 통해 진단해야 한다. 그리고 검사를 통해 아이의 현 상태를 체크해봐야 한다. 경우에 따라서 우울이 심한 경우 지적인 영역에서도 부정적인 영향을 받을 수 있다. 반대로 지적인 부분에 문제가 있을 시에도 정서적인 부분을 함께 확인할 필요가 있다.

두 번째는 약물 치료 단계다. 청소년 우울증으로 진단받는다면 상담만으로는 치료가 부족하다. 소아 청소년 전문의를 통해 약물을 처방받고 호르몬적인 치료도 병행해야 한다. 약물 치료는 증상에 맞게 투여해야 하므로 치료를 시작한다 하더라도 계속해서 확인하는 임상의 시간이 필요하다.

마지막으로 가족 상담 단계다. 청소년 우울증은 대개 좋지 못한 가정 환경에서 비롯하는 경우가 많다. 이 경우 가정 내의 문제를 상담을 통해 개선하면 청소년의 우울증도 개선될 수 있다. 청소년 우울증은 복합적인 요소가 많기 때문에 이 모든 치료 방법을 동원해야 한다. 하지만 이것이 말처럼 쉽지만은 않다.

담임을 하며 가장 힘든 경우는 아이가 정서적으로 문제가 있는데 학부모님이 협조를 하지 않을 때다. 교사나 주변인이 아이의 정서적인 문제를 부모보다 먼저 인지한다면 그것을 인정하고 정밀 검사를 받아보는 것이 좋다. 혹여 우리 가정의 문제가 아이를 통해 드러날까 두려워 꼭꼭 숨기는 분들이 있는데, 청소년 우울증을 해결하기 위해서는 반드시 가족 구성원 모두의 노력이 필요하다.

희윤 쌤의
토닥토닥 한마디 💬

일반적으로 자해나 자살을 같은 범주로 생각하는 경향이 있지만 자해를 하는 학생과 자살을 생각하는 학생의 성향은 조금 다릅니다. 보통 자해를 하는 학생이 자살로 이어지는 경우는 드물다고 합니다. 자해는 일종의 쾌감을 기반으로 자신의 심정을 타인에게 드러내는 데 초점이 맞춰진 행위로 볼 수 있습니다. 반면 자살은 삶을 포기하고 싶은 욕구 등에서 발생합니다.

청소년 우울증으로 진단받은 경우 약물 치료 등을 병행하는데, 치료를 시작한다고 해서 바로 좋아지지는 않습니다. 해당 학생에게 효과적인 약을 찾는 과정에서 시간이 걸리고, 그동안 아이는 상태가 좋아졌다 나빠졌다 반복하게 됩니다. 따라서 전문의에게 치료를 의뢰를 했다고 방치하지 말고, 지속적으로 관찰하며 상담을 병행하는 것이 좋습니다.

희윤쌤이 묻고 다영이가 답하다!

#연애 #꿈 #중2병 #부모님 #트러블 #어른들 #상처 #투정

박다영: 안녕하세요, 독자 여러분! 저는 희윤쌤 딸래미 중에 제일 귀
여운 딸래미 박다영이라고 합니다.

희윤쌤: 네. 귀여운 딸래미 박다영 양. 속마음 인터뷰를 시작해 볼게
요. 단도직입적으로! 청소년기의 연애에 대해서 어떻게 생각
하나요?

박다영: 저랑 너무 동떨어진 질문이긴 한데요, (웃음) 저는 선만 안 넘
으면 괜찮다고 생각해요.

희윤쌤: 청소년 연애에 있어 '선'이란 어느 정도를 말하는 걸까요?

박다영: 제 생각에는 정말 건전하게 손만 잡는 정도? 성희롱적인 발

언이나 과도한 스킨십을 제외하고 상대방을 존중해주는 정
도에서 연애를 하는 게 좋을 것 같아요.

희윤쌤: 손만 잡는 건전한 연애를 추구하는 다영이. 혹시 요즘 가장
부러운 사람이 있나요?

박다영: 두 사람이 생각나는데요, 첫 번째로는 삼성 이건희 회장이
요. 돈이 많아서 부러워요. 두 번째로는 저랑 같이 예고 진학
하는 애들이 부러워요.

희윤쌤: 응? 왜 걔네들이 부러워? 너도 예고 붙었는데.

박다영: 네, 저도 문예창작과에 붙긴 했는데 저는 딱히 뭘 그렇게 열
심히 하고 싶다, 뭘 해야겠다, 그런 열정이 강하지는 않아요.
그런데 다른 친구들은 나는 시 전공해야지, 나는 극작 전공
을 해서 어느 대학에 가서 이렇게 살아야지, 이런 이야기를
하는데 저는 구체적인 계획도 없고 간절함도 없어서 걔네가
너무 부럽더라고요.

희윤쌤: 너도 구체적으로 생각하면 되잖아. 시나리오나 드라마를 열
심히 써서 다영이가 제일 좋아하는 강다니엘을 주인공으로
삼으면 되지.

박다영: (웃음) 저도 그렇게 하고 싶은데, 솔직히 저는 하고 싶은 게
너무 많아요. 그래서 하나만을 못 정하겠어요.

희윤쌤: 아하, 하나의 꿈이나 목표를 정한 아이가 부러운 거구나!

박다영: 네, 맞아요.

희윤쌤: 자, 이건 모든 친구들에게 공통적으로 하는 질문. 본인이 생각할 때 자신의 중2병 시절은 언제였나요?

박다영: 저는 작년 딱 중2 때 온 것 같아요. 작년부터 뭔가 감수성이 풍부해지고 그때부터 글을 쓰기 시작했거든요. 사람들은 중2병이 무조건 안 좋다고 생각하는데, 저는 중2병 시기의 감수성으로 진로를 찾았어요. 오히려 좋은 기회였다고 생각해요. 물론 중2병 특유의 허세도 있었고, 엄마랑 트러블도 있었지만요.

희윤쌤: 우아, 정말 중2병에 대한 새로운 관점이네! 엄마랑 트러블 이야기가 나와서 말인데, 혹시 이 자리를 빌려 부모님께 드리고 싶은 말이 있다면?

박다영: 음⋯. 사랑한다, 고맙다, 죄송하다, 그런 말이 진부하긴 한데 그것만큼 진심이 담긴 말이 없는 것 같아요. 아, 눈물 날 것 같다⋯.

희윤쌤: (토닥토닥) 고맙고 사랑하는 건 알겠는데, 왜 죄송한 마음이 들어?

박다영: 중2병 시절에 트러블도 많았고, 그게 아니더라도 저 키우느라 늘 고생하시잖아요.

희윤쌤: 그렇구나, 기특하네. 다영이는 혹시 어른들한테 들었던 말 중에 가장 상처가 되었던 말이 있니?

박다영: 최근에 있었어요. 제가 예고 합격한 것이 스스로 되게 자랑

스럽거든요. 그런데 어떤 분이 "대체 거기를 왜 가? 그런 거다 쓸모없어." 이러시는 거예요. 내색은 안 했는데 되게 상처도 받고 충격도 받았어요. 고등학교보다 대학 잘 가는 게 중요하다는 말씀은 알겠는데, 너무 단호하게 말씀하셔서 속상했어요.

희윤쌤: 현실적인 얘기였지만 다영이 마음을 몰라주는 것 같아서 속상했구나. 같은 어른으로 미안해지는데…? 자, 이제 마지막 질문. 이 책을 읽는 독자들한테 전하고 싶은 한마디는? 아마 사춘기 자녀를 둔 부모님들이 많이 읽으실 거야.

박다영: 사춘기를 지나다 보면 학생들이 되게 나쁜 말들을 하고 나쁜 행동을 하잖아요. 근데 제 생각에는 진심에서 우러나온 게 아니라 그냥 투정이거든요. 나를 조금 더 알아주고 받아주길 바라는 마음에 부리는 투정인 것 같아요. 그런 태도에 대해 어른들이 너무 상처 안 받으셨으면 좋겠어요.

2장

눈치 한 번 보고,
야단 한 번 하고

—

[행동 코칭 편]

부모와 자식 간에도
밀당이 필요해

한때 근력 운동과 유산소 운동을 번갈아서 하는 순환 운동을 열심히 했던 적이 있다. 짧은 시간에 필요한 운동을 할 수 있는 것도 마음에 들었지만 헬스클럽을 운영하는 대표님이 좋아서 계속 다녔던 기억이 난다. 그분은 직접 순환 운동을 통해서 건강을 되찾으신 후 순환 운동 전도사가 되셨다. 연세가 일흔이 넘었지만 젊은 감각을 지닌 호탕한 여장부 스타일이라서 항상 경이로운 마음이 들었다. 나도 나이가 들면 저런 사람이 되어야겠다고 생각할 정도였다.

나는 종종 그분과 차를 마시며 삶에 대한 이야기를 나누었다.

어느 날은 사람들의 관계 맺음에 대해서 이야기를 나누었는데, 그 무렵 나는 '을'이라는 생각에 사로잡혀서 '갑'의 횡포에 고통받고 있었다. 갑과 을에 대한 이야기 끝에 대표님은 이렇게 조언하셨다.

"희윤 씨, 인생은 블루스야. 다가오면 물러나게 되어 있어! '을'이라고 할지라도 '갑'에게 무조건 약할 필요는 없어!"

사람과 사람 사이에 어쩔 수 없이 '갑'과 '을'이 나눠지게 될지라도, '을'이 무조건 약할 필요는 없다는 것이다. 정말 그랬다. 착한 사람 콤플렉스 때문일까. '을'이 너무 저자세를 취하면 사람들은 '좋은 사람'이 아니라 '호구'로 본다. 내가 좀 꿀리는 입장이라도 당당하게 나오면 상대방은 오히려 세게 나오지 못한다. 물러남과 다가감을 반복하는 것, 즉 밀고 당기는 것은 모든 관계 형성의 기본이다.

부모와 자식 간에도 마찬가지다. 특히 사춘기 자녀와 부모 사이에서는 자녀가 '갑'이고 부모가 '을'이 되는 경우가 많다. 분명 부모가 아직까지는 자녀의 경제적 지원을 하고 있는 입장이고, 부모의 '동의' 없이는 자녀가 할 수 있는 일이 많지 않은데도 말이다. 왜 그럴까?

그것은 '을'의 태도가 너무 저자세이기 때문이다. 자녀의 사춘기 이후 부모는 큰 딜레마를 겪게 된다. 아이들은 부모의 말을 따르지 않으면서도, 요구 사항은 얄미울 정도로 쏙쏙 챙긴다. 부모도 사람인지라 속으로는 안 들어주고 싶지만, 막상 안 해주자니 부모 노릇을 못 하는 것 같아서 마음이 약해진다. 울며 겨자 먹기로 해줄 건 다 해주는데 자녀들은 고마워하기는커녕 더 이기적인 태도로 일관한다. 사춘기를 방패삼아 점점 기분 내키는 대로 행동하는 이 녀석을 도대체 어떻게 가르쳐야 할지 난감하기만 하다.

사춘기 자녀를 둔 상당수의 부모님이 비슷한 고민을 하고 있을 것이다. 문제의 원인은 역시 '밀당'의 실패에 있다. 자신이 '갑'임을 인식하고 이를 이용하는 아이들을 바로잡으려면 제대로 된 '밀당'이 필요하다.

사춘기 자녀와 부모와의 밀당 법칙 첫 번째, '자녀에게 모든 것을 맞추지 않는다.' 자녀에게 모든 것을 맞추게 되면 아이들은 그것을 당연하게 생각하고 자신을 '갑'이라고 여기게 된다. 학원 귀가 시간에 맞춰 자녀를 이동시켜주기 위해 새벽까지 차를 대기하는 것, 자녀의 공부를 위해 TV를 없애는 것이 그 예이다. 자녀를 위해 부모가 삶의 모든 것을 포기하는 모습을 보이는 순간, 밀당은 실패로 돌아간다.

자녀를 배려하는 것과 자녀에게 모든 것을 맞추는 것은 큰 차이가 있다. 자녀가 원하고 있는 것들에 대해서 신경을 써주는 것은 '배려'요, 원하지 않아도 알아서 척척 맞춰주는 것은 '헌신'이다.

필요하면 아이는 직접 부모에게 요청할 것이다. 물론 부탁을 들어줘도 되지만 모두 들어줄 필요는 없다. 자녀도 때로는 부모가 거절할 수 있다는 사실을 알고 있어야 한다. 세상에 어떤 일도 모두 'yes'일 수는 없다. 하지만 부모에게 한 번도 거절 받아보지 못한 아이는 세상이 자신을 거절할 때 정말 '멘붕' 상태가 될지도 모른다. 그러니 적절한 거절을 통해 자녀에게 이 세상 모든 것이 OK는 아니라는 것을 인식 시킬 필요가 있다.

사춘기 자녀와 부모와의 밀당 법칙 두 번째, '거래는 확실하게 한다.' 귀가 시간 준수, 성적 상승 정도에 따라 용돈을 준다거나 스마트폰을 바꿔준다는 약속을 하는 경우가 종종 있다. 그런데 자녀가 약속을 지키지 못했는데도 너무 과분한 보상을 해주는 부모들이 있다. 세일즈맨이 영업을 제대로 하지도 않았는데 알아서 물건을 술술 사는 고객, 즉 '호구'가 되는 것이다. 이럴 경우 부모가 만만한 존재처럼 느껴질 수 있다.

따라서 아이들이 약속을 잘 지키지 못할 때는 부모도 보상을 해주지 않는 것이 좋다. 네가 정말 원하는 일이라면 나와의 약속을 지켜야 한다는 것, 그 정도의 의지가 없으면 보상은 받을 수 없을 것이라는 고자세가 필요하다.

'용돈 협상' 등에서 이 법칙이 진가를 발휘할 수 있다. 아이들의 요구 사항을 무조건 허용하기보다는 협상의 대가로 자녀가 수행해야 하는 바람직한 행위를 조건으로 제시할 수 있다. 또한 아이가 스스로 조건을 제시하도록 유도하고 일부를 수용하는 것도 방법이다. 이러한 과정 속에서 부모와 자녀의 밀당은 성공적으로 진행될 수 있다.

이러한 '협상'은 중요한 교육 내용이다. 현대 사회는 무수한 이해관계가 있다. 가정에서 이러한 교육이 이루어진다면 추후 다른 이해관계에서도 타인과의 원만한 관계 속에서 자신의 이익을 챙길 수 있는 똑똑하지만 착한 어른으로 성장할 수 있을 것이다.

사춘기 자녀와 부모와의 밀당 법칙 세 번째는 리듬감 있게 밀고 당기는 것이다. 많은 어머니들이 하는 실수는 아이들에게 끊임없이 '강강강(强强强)'으로 강요한다는 것이다. 아름다운 음악을 들어보면 이것이 얼마나 큰 실수인지를 깨달을 수 있다.

아름답다고 느껴지는 음악은 처음에는 작고 조용한 선율로 흐르다가 최고 절정에서는 세고 강하게, 마지막에는 다시 여운을 주며 마무리하는 경우가 많다. 이러한 음악적 리듬을 아이들에게도 적용하는 지혜가 필요하다.

끊임없이 '공부해라', '학원 가라', '숙제해라'는 말들로 계속

'명령', '요구', '강요'를 한다면 아이들은 입력할 틈이 없다. 강한 비트의 음악에 쉽게 피곤해지듯, 아이들은 부모의 말에 피로감을 호소할 뿐이다. 그러니 강한 요구 사이에 약한 부탁 혹은 칭찬 등으로 '강약약 중강약약'의 템포를 유지해보자. 보다 조화로운 관계가 형성될 것이다.

부모와 자식 사이도 결국은 남녀 관계와 다르지 않다. 남녀가 사랑을 할 때 그 사랑이 100이라고 한다면 똑같이 50대 50으로 사랑하는 커플은 없다. 결국 더 많이 사랑하는 사람이 약자인 '을'이 될 수밖에 없다는 것이다.

태생적으로 '을'인 부모들에게 고한다. '밀당'을 통해서 당당한 '을'이 되라고. 그것이 사춘기 자녀들과 적이 되지 않고 공존할 수 있는 비결이기 때문이다.

희윤 쌤의 💬 토닥토닥 한마디

젊은 교사들은 대부분 아이들과 잘 어울립니다. 하지만 마냥 잘해주기만 하다 보면 '호구'가 될 수 있습니다. 그렇다고 사춘기 아이들을 엄격하게만 지도하면 '꼰대'가 될 수도 있지요. 아이들과의 관계 속에서 긴장감을 적절하게 조이고 푸는 능력이 사춘기 아이들을 다루는 밀당 기술입니다.

사업에서 밀당에 실패하면 손해를 보게 되고, 연애에서 실패하면 연인관계가 깨지게 됩니다. 사춘기 자녀를 두고 있다면 너무 멀지도 가깝지도 않게 대해보세요. 자녀들과 모자라지도 넘치지도 않는 균형적 관계를 유지한다면, 터널 같은 사춘기를 무사통과하고 자녀를 인생의 좋은 친구로 만들 수 있습니다.

아이는 언제나
신호를 보내고 있어요

　우리가 의사소통할 때 사용하는 메시지에는 세 가지 유형이 있다. 첫 번째는 언어적 메시지, 두 번째 비언어적 메시지, 세 번째는 준언어적 메시지다. 언어적 메시지란 어휘나 문장 등의 형태로 전달되는 메시지를 의미한다. 즉 말의 내용이 무엇인가를 따지는 것은 언어적 메시지를 파악하는 행위다. 반면 비언어적 메시지란 제스처, 표정, 옷차림 등을 의미한다. 때로는 이 비언어적 메시지가 언어적 메시지를 능가하기도 한다. 대답을 '응'이라고 긍정적으로 했더라도, 표정이 떨떠름한 경우 우리는 화자가 썩 내키지 않은 상태임을 직감적으로 알 수 있다.

마지막으로 준언어적 메시지가 있다. 준언어적 메시지는 언어적 메시지와 결합하여 나타나는 것으로 속도, 어조, 강약, 크기 등을 의미한다. 이는 언어적 메시지를 강조하는 데 일조한다.

사춘기의 아이들은 이 메시지들을 동시에 사용하면서 양면적인 태도를 취하는 경우가 있다. 언어적 메시지가 긍정적이더라도 표정이나 말투가 부정적이었다면 실제 속마음은 'No'일 가능성이 높다. 그래서 아이가 사춘기에 접어들었는지 확인해 보려면 부모들은 제일 먼저 아이의 말투를 관찰하면서 아이의 표정과 목소리 등을 살펴봐야 한다.

"아들아, 이리 와 봐. 얘기 좀 하자!"

"난 엄마랑 할 말이 없는데?"

자녀와 이런 식의 대화 패턴이 형성되었다면 사춘기가 시작되었다고 볼 수 있다. 늘 긍정적이고 밝았던 아이가 냉소적이고 차가운 말투로 변했다면 아이를 세심하게 관찰할 필요가 있다. 스트레스를 받는 요인은 없는지 혹시 자신도 모르게 아이에게 상처가 되는 말을 한 적은 없는지 살펴봐야 한다.

"엄마는 아무것도 몰라!" 하는 식의 차가운 말투가 반항심에서 비롯될 수도 있지만 자신을 보호하고 싶은 방어기제가 될 수도 있기 때문이다. 나 역시 그러했다. 고등학교 1학년이 되자 갑자기 어려워진 수학 때문에 고전을 면치 못하고 있었다. 이런 나를 걱정한 우리 엄마는 오픈한 지 얼마 안 된 소수정예의 보습학원으로 나를 밀어 넣으셨다. 그런데 학원 원장이 좀 이상했다. 시간이 한참 지난 후에야 나는 그 행위가 성추행이었다는 것을 알게 되었다.

반바지를 입었던 어느 여름 날, 내 바지의 지퍼가 중간 정도 내려와 있었다. 그걸 본 원장은 비릿한 웃음을 지으면서 성희롱에 가까운 농담을 했다. 그 후 그는 어깨를 만진다거나 무릎을 만지는 등의 가벼운 터치를 일삼았는데, 난 그것이 너무 싫어서 학원에 가기가 꺼려졌다. 그를 만난다는 자체가 너무 큰 스트레스였다. 그런데 엄마한테는 차마 말하지 못했다.

"네가 칠칠맞아서 지퍼를 내리고 다녔으니 그렇게 말씀하신 거겠지."라고 할 것 같았고, 비싼 돈 주고 학원을 보냈더니 하라는 공부는 안하고 이상한 데 신경 쓴다고 타박하실 것 같았기 때문이다. 나는 그냥 엄마에게 학원을 안 가겠다고 말했다. 엄마는 학원에 가질 않으면 도대체 어떻게 수학을 공부할 거냐고 소리치셨다. 나는 이유를 제대로 말하지도 못한 채 소리만 빽질렀다.

나의 강경한 태도로 인해 결국 그 학원을 다니지 않게 되었지만 그때 나는 내 속마음을 몰라주는 엄마가 너무 야속했다. 그러면서도 한편으로는 엄마가 더 자세히 나에게 이유를 물어봐

주기를 내심 기대했다.

혹시 과거의 나처럼 엄마는 아무것도 모른다고 말하는 자녀가 있으면 한 번 더 아이의 이야기에 귀 기울여주고 그렇게 말하는 이유가 무엇인지에 대해 제대로 파악했으면 좋겠다.

한동안 말을 잘 들어서 기특했던 영호가 어느 날 갑자기 와서 "저 이제부터 삐뚤어질 거예요." 하더니 교무실을 나갔다. 처음에는 그냥 투정이겠거니 했는데 아이가 점점 지각도 잦아지고 표정도 어두워지는 것을 보면서 무슨 일이 있음을 짐작했다.

나중에 알고 보니 녀석이 의기소침해지고 의욕을 상실한 것은 학생회 때문이었다. 학생회 면접을 열심히 준비했는데 자신이 준비한 면접 질문은 나오지 않고 어려운 질문만 나와서 대답을 잘 못했다고 한다. 영호는 열심히 준비했지만 목표한 일에 실패하자 큰 좌절감을 느꼈다. 게다가 친한 친구들은 떡하니 학생회에 합격했기에 부럽기도 하고 짜증도 나서 의욕을 상실한 것이다.

처음 겪어보는 실패와 좌절 앞에서 나름대로 힘들었겠다는 생각을 하니 짠한 마음이 들었다. 그래서 영호를 불러 학생회 임원에 떨어졌어도 학급 임원이 되면 대위원으로 참여할 수 있다고 안내해주었다. 자신의 속상한 마음을 헤아려주자, 아이도 조금은 밝아지고 의욕을 되찾았다.

아이들이 비딱하게 말을 할 때 어른들은 아이의 진심이 무엇인지를 빨리 파악해야 한다. 사춘기 아이들은 '아몰랑 화법'을 구사하며 '김첨지 말투'를 쓰는 경향이 있다.

여기서 말하는 아몰랑 화법이란 속내가 있으면서도 그것을 직설적으로 말하기보다는 우회적으로 돌려 말하는 방식을 말한다. 흔히 '모른다'는 답이 그 예이다. 청소년들의 '몰라'는 진짜 몰라가 아닐 수도 있다. 그들은 대체로 직설적으로 자신의 의사를 표시하곤 하지만 정작 중요한 순간에는 속마음을 돌려 말하는 경우가 많다. 이는 타인이 나를 어떻게 생각할까를 의식하고 행동하는 동시에 진심이 노출되는 것을 두려워하는 심리 때문에 발생한다. 따라서 부모들은 사춘기 아이들의 말투를 통해서 아이의 말이 진심인지 믿을 만한 것인지에 대해서 생각해봐야 한다.

최근 학생 자치회 임원 선거 때문에 아이들과 소통하며 이러한 의뭉스러운 화법 때문에 애를 먹은 경험이 있다. 지금 학생 자치회에 활동하고 있는 아이들에게 나는 자치회장 선거에 출마할 의사가 있는지 물었다. 한 아이는 내 물음에 시큰둥한 표정으로 "잘 모르겠어요."라고 거듭 답했다. 나는 이 아이의 대답이 거절이라고 생각했다.

그런데 나중에 이 친구가 선거에 출마하겠다고 친구들에게 의사를 밝혔다는 것을 알게 됐다. 도대체 그 아이의 속내가 무엇이었을까? 나중에 알게 된 진실은 이러하다. 학생 자치회 임원선거는 회장과 부회장이 팀을 이뤄 선거에 입후보를 한다. 그런데 원래 같이 나가기로 했던 친구와 회장과 부회장을 놓고 합의가 이루어지지 않은 것이다. 두 명 다 회장이 되길 원한 탓에 서로 양보를 하지 않아 팀이 결렬되었고, 마땅한 대체 후보를 찾지 못하다가 겨우 부회장 후보에 적합한 인물을 영입한 모양이었다.

어른이었다면 이러한 상황을 담당자에게 제대로 설명했겠지만 사춘기 아이들은 확실해지기 전까지 자신의 의견이나 상황을 노출하지 않으려는 심리가 있다. 이처럼 아이들의 '몰라'는 함축적 의미가 담겨 있을 수도 있다. 단순한 뉘앙스를 통해서 그들의 생각을 판단하면 예상치 못한 난관을 만날 수도 있다.

'김첨지 말투'에 대해서도 적절한 해석을 할 필요가 있다. 1920년대 단편 소설인 《운수 좋은 날》의 주인공 김첨지는 츤데레(겉으로는 불친절하지만 속으로는 엄청 친절하고 사랑과 배려가 넘치는 인물)의 전형이다. 아내를 누구보다 깊이 사랑하면서도 겉으로는 툴툴거리며 거친 언어를 일삼는 것이 김첨지 말투의 특징이다.

사춘기 아이들 같은 경우 김첨지와 매우 유사한 말투를 구사한다. 친구 사이에 친하면 친할수록 욕을 사용하여 애정 표현을 나타내는 것, 부모님의 애정 표현이 좋으면서도 부끄러워하고 툴툴거리는 것이 그 예이다.

내가 아이들에게 "이번에 참 잘했구나. 노력을 참 많이 했구나."라고 진지하게 말하면 아이들 중 상당수는 부끄러워하거나 쑥스러워하면서도 뒤돌아서서 환한 미소를 짓는다. 아이들에게 좋은 말을 들려줬을 때 앞에서 부끄러워하는 것만 보고 아이들이 안 좋아한다고 생각하면 곤란하다.

사춘기 아이들은 여전히 아이다. 부모의 애정 표현과 칭찬을 좋아하면서도 시크한 척, 무심한 척한다. 그것이 어른답다고 생각하기 때문이다. 그러니 자녀가 겉으로 조금 투덜댈지라도, 부모는 계속적으로 사랑한다고 말해주고 함께 시간을 보낼 기회를 마련하는 것이 좋다. 자녀의 말투에서 사춘기를 파악하되, 그 말투 속에 진심이 무엇인지를 반드시 꿰뚫어야 한다.

희윤 쌤의 💬
토닥토닥 한마디

사춘기 아이들의 말투에 감정부터 상하는 경우가 많은가요? 말투에 대한 훈육도 중요하지만 그 안에 담긴 메시지를 읽어내려는 노력이 필요합니다. 틱틱거리는 아이의 진심이 무엇일지에 대해서 먼저 고민해보면 어떨까요?

사춘기 아이들은 쿨(Cool)한 것에 매력을 느낍니다. 그래서 조건을 달지 않고 쿨하게 허용해주는 교사와 부모님들이 인기가 많지요. 하지만 현실적으로 아이들의 요구사항을 쿨하게 들어주기란 쉽지 않습니다. 그러니 어설프게 쿨함을 쫓기보다는 아이들의 진심을 파악하여 이를 선택적으로 허용해주세요. 분명 그것만으로도 아이들은 부모님의 진심을 느낄 수 있습니다.

아이는 끄덕형 부모를
따른다

몇 년 전 겨울, 강사 생활을 할 때 있었던 일이다. 아침부터 지인이 전화를 해 다짜고짜 밥 먹었냐고 다급하게 물었다. 갑자기 무슨 일이냐고 물으니 본인이 독감에 걸려서 학교 수업을 대신 해줄 수 있는 사람이 필요하다는 것이다. 교원자격증이 있고 '땜빵'을 해줄 시간이 있으면서 아이들을 가르쳤던 경력이 있는 사람으로 내가 떠오른 모양이다.

마침 공복이었던지라 흔쾌히 오케이를 외치고 필요한 서류를 발급받고자 부랴부랴 '공무원 채용 신체검사' 전문 병원으로 달려갔다. 그리고 나서 지인의 학교를 내방하여 서류를 제출한 후, 교감선생님께 내일부터 뵙겠다고 인사를 드렸다.

　내가 긴급하게 임시교사로 투입된 시점은 12월 기말고사 직후였다. 아이들은 시험이 끝난 뒤라 영화 감상, 자유시간, 체험학습 등으로 여유로운 시간을 보내고 있었다. 오랜만에 아이들을 가르치는 것이라 나름대로는 반가운 마음이 들었는데, 영악한 아이들은 어차피 일주일 동안만 있을 선생님이라는 것을 알고 있기에 적당히 거리감을 두는 듯했다.

　나는 일주일 간 국어 수업을 대체하였는데 목요일은 학교에서 정한 '진로의 날'이었다. 기존의 수업 대신 1교시부터 6교시까지 외부 강사가 학교에 초청되어 아이들의 진로 체험 수업을 진행하는 날이다. 이런 수업에서 교사는 교실에 함께 들어가 아이들의 수업 태도를 관리하고 강사가 원활하게 수업을 진행할 수 있도록 보좌하는 역할을 한다.

　나는 평소 수업 태도가 무난했던 1반에 임장하게 되었다. 며칠 머물지 않은 나에게도 친절하게 대하는 아이들이라 진로 수업 역시 잘 받을 것으로 기대했는데 예상 밖에 일이 벌어졌다. 외부 강사가 수업을 진행하자 그 반 아이들이 강사의 말을 무시하거나 활동에 참여하지 않는 등 건방진 태도로 일관했던 것이다. 나는 그 아이들에게 너무 실망하여, 수업이 끝날 때쯤 차가운 목소리로 다음 시간에 보자고 말하고 나왔다.

다음 날 그 교실에 들어서자 아이들은 모두 조용히 숨을 죽이고 있다. 아이들의 눈에는 궁금증이 차올랐다.

'도대체 어떻게 화를 낼까?'

'일주일밖에 안 있을 거면서 화를 내면 어쩔 건데?'

'화만 내봐라. 나도 가만히 있지 않겠다.'

아이들의 눈빛에는 제각각 다양한 메시지가 담겨 있었다. '두려움, 불안, 호기심, 걱정, 미움.' 모두의 눈에 담긴 메시지는 달랐지만 한결같이 내가 어떤 반응을 보일지 기다리고 있었다. 그 순간 나는 어렵게 입을 뗐다.

"여러분, 선생님은 어제 여러분의 태도에 많이 실망했어요. 성적에 반영되지 않으니 진로 수업 내용이 별것 아닌 것처럼 보일 수 있겠지만, 강사님은 여러분에게 도움이 되는 수업을 하기 위해서 많은 준비를 하고 오셨어요. 그런데 여러분이 그렇게 수업에 비적극적으로 참여하고 지시에 불손하게 응한다면 그분의 기분은 어떨까요? 여러분이 지금 중2지만 나는 여러분을 중2로만 보지 않습니다. 시간이 지나면 여러분은 중2가 아닌 중3이, 중3이 아닌 고등학생이 될 거예요. 이번에는 이렇게 진로 수업을 엉망으로 했지만 다음번에 이러한 수업이 있을 때는 잘 들을 수 있나요?"

나의 차분하고도 침착한 목소리를 듣고 '두려움, 불안, 호기심, 걱정, 미움' 등으로 가득 찼던 아이들의 눈빛은 '당황, 경이, 흥미'로 바뀌고 있었다. 나는 그때 깨달았다. 아이들 앞에서 감정을 절제한다는 것이 얼마나 위대한 일인지를.

아이들 모두는 내가 분명 화를 낼 것이라고 짐작하고 있었다. 하지만 나는 화 대신 감정을 절제하여 내 분노의 이유를 논리적으로 설명하는 방법을 선택했다. 화를 낼 것이라고 생각했는데 화를 내지 않아서인지 그 반 아이들은 내가 대체수업을 끝내는 날까지 나에게 가장 호의적이었다.

"사실 선생님이 그때 화내실까 봐 무서웠어요."라고 웃으며 다가오는 애들도 있었고, "다음에는 수업 정말 잘 들을게요."라며 반성하는 애들도 있었다.

며칠만 머물렀던 임시교사였으므로 그 뒤에 그들이 어떤 모습으로 성장했는지는 알 수 없다. 하지만 분명 아이들의 마음에는 큰 메시지가 하나 남았을 것이라고 생각했다. 이 일로 아이들에게 감정을 절제하고 메시지를 전달하는 것이 의미 있는 일이라는 교훈을 얻었다.

아이들은 감정을 절제하는 사람을 만나면 어른이란 이런 존재구나 하는 감정을 느낀다. 자신이 잘못한 것은 아이들이 더욱 잘 안다. 그런데 마치 잘 모르는 것처럼 우긴다. 무엇을 잘못했는지 솔직하게 말하면 지는 것 같고, 알면서도 그러냐며 어른들이 더 큰 화를 낼 것 같기 때문이다. 그래서 사춘기 아이들은 잘못된 행동을 저지른 후에는 회피나 도망 등으로 상황을 일시적이나마 벗어나려고 한다. 그 방법이 궁극적인 해결책이 아님을 알면서도 일단은 그것을 최선이라고 여기는 것이다.

이런 선택을 하는 자녀의 부모는 대개 '버럭형 부모'일 가능성이 높다. 아이들이 무엇인가를 말할 때 부모는 크게 두 가지 반응을 보이는데, 나는 그 반응에 따라 '끄덕형 부모', '버럭형 부모'로 분류한다.

'끄덕형 부모'는 아이들이 얘기를 할 때 일단 수용하는 부모이다. 그런 다음에 아이의 생각을 구체적으로 묻는다. 이런 부모를 둔 아이는 자신의 의견을 말하는 것을 두려워하지 않고 어떻게 하면 더 잘 이해시킬 수 있을지를 고민한다.

그런데 '버럭형 부모'는 아이들이 무슨 말만 하면 바로 버럭 소리를 지르며 무시하는 부모다. 아이들은 그 모습을 볼 바에는 일단 진실을 감추는 것이 낫다고 판단한다. 어차피 부모는 소리치느라 자신의 이야기는 듣지 않을 것이므로 얘기할 생각조차 하지 않는다.

사춘기 아이들은 하루에도 몇 번이고 출렁대는 감정의 바다 속에서 헤엄을 친다. 데구루루 굴러가는 낙엽을 보고 깔깔대다가도 새끼 고양이의 죽음에 눈물을 뚝뚝 흘린다. 방금 전까지 친구와 피터지게 싸우다가 5분 뒤에는 화해해서 어깨동무를 하고 나타난다. 그러한 애들한테 어른들의 심오한 감정을 확 쏟아 놓으면 어떻게 될까. 아이들은 파도를 따라 저 멀리 흘러가 버릴 것이다.

부모가 감정을 절제하는 성숙한 모습을 보이면, 아이는 자신의 감정을 드러내고 생각을 표현할 수 있는 기회를 갖게 된다. 그때 아이가 드러내는 감정을 부모가 이해하고 받아준다면 아이와 부모는 자연스럽게 '공감'과 '소통'의 과정을 경험할 수 있다.

하지만 부모가 감정 과잉이 되었을 때 아이는 감정을 노출할 수 없다. 이미 부모가 자신의 감정만으로도 포화상태인 것이 아이의 눈에도 보이기 때문이다. 부모가 자기감정에 빠지게 되면 제일 중요한 아이의 감정을 놓치게 된다. 이것이 부모가 감정을 절제해야 하는 결정적인 이유다. 감정을 절제하는 부모가 아이를 따르게 만든다.

**희윤 쌤의 💬
토닥토닥 한마디**

아이들이 가장 좌절하는 순간은 '어차피 말해도 안 통해!'라고 느끼는 순간입니다. 부모에게 말을 해봤자 "너는 왜 말을 그따위로 하냐." "네가 그러니까 안 되는 거야."라는 부정적인 답변이 날아올 게 뻔하므로 아이들은 입을 다물게 됩니다.

시험을 못 보건 친구 관계에서 문제가 생기건 가장 속상한 사람은 부모가 아니라 아이입니다. 부모가 앞장서서 자신의 속상함을 드러내면 아이들은 자신의 감정보다는 부모의 감정에 먼저 휩싸이게 됩니다. 자신의 감정도 다스리기 어려운 아이들에게 이는 큰 부담이 됩니다. 그래서 결국 그들은 자연스럽게 부모에게 말하지 않는 것을 선택하는 것이지요.

자녀와 단절된 관계를 원하지 않는다면 부모의 감정을 헤아리기를 강요하지 마세요. 아이가 먼저 자기 스스로의 감정을 마주하고 수습할 수 있는 기회를 주면 아이가 부모의 감정을 살필 여유가 생깁니다. 내 마음을 이해 못하는 자녀가 야속할 때면 과거의 자신을 떠올려보세요. 자녀가 부모의 마음을 헤아릴 수 없는 것은 당연한 이치입니다. 아직 어른이 되지 못한 자녀가 부모를 이해하는 것보다 사춘기를 경험한 부모가 자녀를 이해하는 것이 훨씬 더 쉬운 일입니다.

"어린아이 나무라지 마라, 네가 지나온 길이다."라는 말을 기억하시길.

엄마는 너무 변덕스러워요

어느 집의 며느리가 집안 대소사를 진행할 때마다 시어머니에게 의견을 물었다고 한다. 잦은 질문이 귀찮았는지 시어머니는 "너는 왜 혼자 알아서 하지를 못하니?"라고 핀잔을 주었다. 그 말을 들은 뒤부터 며느리는 시어머니에게 묻지 않고 알아서 일을 처리했다. 그랬더니 시어머니는 "너는 왜 일을 네 멋대로 하니?"라며 크게 화를 냈다.

위 사례처럼 야단을 맞는다면 며느리는 미치고 팔짝 뛰고 싶은 심정일 것이다. 그런데 아이들도 마찬가지다. 부모가 원칙 없이 아이를 야단치게 되면, 아이들은 부모를 믿지 못하게 된다. 이렇게 한번 무너진 신뢰는 쉽게 회복이 불가능하고, 신뢰가 무너지면 어떠한 교육적 처치도 행할 수가 없다. 따라서 아이들을 야단치려면 반드시 일관된 원칙을 고수하는 것이 중요하다.

사춘기 아이들은 스스로 자신의 감정이 불완전하다고 느낀다. 그래서 자신이 의지해야 할 대상인 어른들만큼은 흔들리지 않는 안정감을 지니기를 바란다. 따라서 사춘기 아이들을 대할 때는 원칙과 소신을 지키면서도 융통성을 발휘하는 것이 필요하다.

그러나 이러한 사춘기 아이들의 성향을 파악하지 못해 부모로서 약점을 드러내는 것이 바로 변덕이다. 한번은 표면적으로는 이유가 없어 보이는데 반항을 심하게 하는 학생을 붙잡고 그 이유를 물어본 적이 있다. 왜 그렇게 엄마를 힘들게 하냐고, 가장 불만이 무엇이냐고 물었더니 아이는 냉소적으로 이렇게 말했다.

"엄마는 너무 변덕스러워요!"

아이는 과외 문제 때문에 엄마와 극한 대립을 하고 있었다. 엄마는 아이의 성적이 너무 떨어지자 걱정스러운 마음에 억지로 과외 선생을 붙였다. 마침 과외 교사가 좋은 사람이라 아이는 차츰 선생님과 정이 들었고, 공부에도 조금씩 흥미를 붙이기 시작했다. 하지만 엄마의 관점으로 볼 때 비싼 과외비에 비해 큰 효과가 없었다. 그래서 엄마는 아이에게 과외를 끊고 학원을 가라고 말했다. 아이는 어렵게 정붙인 선생님을 떼어 놓으려는 처사에 분노하며 과외를 계속하겠다고 고집을 부리며 엄마의 일관적이지 못한 태도를 비난했다. 이처럼 부모가 아이를 납득시키지 않고 일관성 없게 행동하게 된다면 아이는 점점 더 멀어지게 된다.

원칙이 없는 부모들을 보면 대개 즉흥적으로 의사를 결정하는 경우가 많다. 즉, 감정에 휘둘리며 상황을 깊게 판단하지 않고 행동한다는 것이다. 엄마들 모임에서 좋다는 말만 듣고서 대뜸 사교육을 시키는 것도 이러한 맥락이라 하겠다.

부모가 갈대 흔들리듯이 흔들리게 되면 아이들은 믿고 의지할 곳이 없다. 부모는 굳은 소나무처럼 든든한 뿌리를 가진 나무여야 한다. 그렇지 않으면 아이들은 부모를 믿지 못할 사람으로 생각하고 부모와 고민을 함께 나눠야 할 중요한 때에도 독단적으로 판단해 버리고 행동한다. 어차피 말해 봤자 소용없다는 생각을 하게 되기 때문이다.

그래서 아이들을 대할 때는 아이가 안정감을 느끼도록 말과 행동에 일관성을 지키는 것이 좋다. 또한 행동에 변화가 필요할 때는 반드시 아이의 의견을 먼저 묻고, 양해를 구해야 한다.

나는 학급을 경영할 때 '원칙'을 준수하는 것을 중요하게 생각한다. 단, 그 원칙은 내가 정하지 않고 반드시 아이들의 합의를 통해 이끌어 낸다. 그래서 우리 반은 민주적 학급 회의를 통해 학급비, 학급 규칙, 학급 행사 등을 결정한다. 이러한 과정에서 탄생된 규칙은 이미 합의를 거친 사항이므로 아이들은 스스로 그 원칙을 지키기 위해 노력한다.

학교에서 원칙을 지켜 아이들을 야단치는 것처럼 가정에서도 꼭 원칙을 지켜야 하는 문제가 있다. 바로 스마트폰 사용 문제이다. 예를 들어 특정 시간대, 요일 등을 정해서 사용하도록 아이와 합의하였다면 이를 원칙으로 정하고 지키도록 유도하여야 한다.

많은 부모님이 자신은 스마트폰을 끼고 살면서 아이들에게 스마트폰을 하지 말라고 말한다. 하지만 이런 경우 아이들은 거세게 저항한다. 왜 자신만 스마트폰을 쓰면 안 되는지에 대해서 당당히 따져 물을 것이며, 몰래 스마트폰을 사용할 가능성도 있다.

이를 미연에 방지하기 위해서는 가족 구성원 모두가 동등하게 원칙을 지키는 것을 추천한다. 가족 모두가 동등하게 원칙을 지키고 이를 수용한다면 아이 역시 이를 따를 수밖에 없기 때문이다. 밤 11시 이후에는 스마트폰 사용 금지라는 원칙을 정해놓았다면, 가족 모두가 스마트폰을 한곳에 모아놓고 공동으로 사용하지 않도록 하자. 그렇지 않고 자녀만 야단치게 되면 아이는 거세게 저항할 수도 있다.

또한 가정 내의 훈육 원칙이나 교육 철학은 아버지와 어머니가 의견을 일치시켜야 한다. 양쪽 부모의 교육 철학이 다를 경우 아이들은 매우 큰 혼란을 경험하게 된다.

주혁이 엄마는 중학생이더라도 주요 과목인 영어와 수학만큼은 학원에 다녀야 한다는 입장이었다. 반면 주혁이 아빠는 본인이 부족하다고 느끼지 않는다면 굳이 학원에 다니지 않아도 된다는 입장이었다.

처음에 아이는 아빠에게 학원을 가지 않겠다고 했다. 그런데 학원에 안 가면 어떻게 할 거냐며 노심초사하는 엄마의 눈치를 보더니 다시 학원에 가겠다고 말했다. 줏대 없이 양쪽 부모 사이에서 갈팡질팡하는 아이의 모습을 보고 부모는 화가 났다.

학원을 안 다니겠다는 주혁이의 말은 진심이었을 것이다. 하지만 학원을 다녀야 하는 필요성에 대해서도 인식하고 있었기 때문에 엄마의 말도 일리가 있다고 판단했다. 결국 이러지도 저러지도 못하다가 좀 더 마음이 기운 쪽의 편을 들었을 것이다.

이런 경우 문제는 부모에게 있다. 엄마와 아빠의 교육적 합의가 도출되지 않으면 자녀는 갈등과 혼란에 빠질 수밖에 없다. 원칙 없이 야단치는 것도 큰 문제이지만, 부모가 합의되지 않은 교육 철학으로 아이를 지도하는 것 또한 문제가 될 수 있음을 기억하기 바란다.

**희윤 쌤의 💬
토닥토닥 한마디**

교사로서 아이들을 훈육할 때 어려운 점은 원칙을 고수하는 것입니다. 원칙이 흔들린 채로 아이들을 지도하다 보면 형평성이 맞지 않게 되고, 이는 차별로 이어질 소지가 있습니다. 아이들은 깐깐한 교사를 힘들어하면서도 원칙이 확고한 교사를 신뢰합니다. 아이들에게 가장 나쁜 영향을 주는 교사는 시시때때로 가치관이 흔들리고 원칙이 없는 교사입니다.

가정도 마찬가지입니다. 부모가 서로 다른 원칙을 고수하면 아이는 어느 쪽을 기준으로 행동해야 할지 내적 갈등을 겪게 됩니다. 부모의 갈등으로 자녀가 고통 받지 않도록 항상 일관된 교육 철학을 보여주는 게 좋습니다. 기분파 부모는 자신도 모르게 자녀를 자신의 소신을 지키는 사람이 아닌 환경에 휘둘리는 사람으로 성장시킬 수도 있습니다.

LESSON 13

아이를 관찰하면
알 수 있는 것들

예진이라는 아이는 매일 수업 시간마다 잠을 잤다. 밤에도 잠을 자고 낮에도 자는 것이다. 이런 경우 대다수는 예진이를 학습 의욕이 매우 낮은 아이로 판단한다.

물론 학습 의욕이 떨어지고 무기력하기 때문에 계속 잠을 잘수도 있다. 하지만 이러한 경우에 단순히 아이의 학습 동기의 문제가 아니라 또 다른 것이 원인일 수도 있다.

사춘기 이후 아이가 시도 때도 없이 잠을 잔다면 '기면증'이라는 병을 의심해 볼 수 있다. 생소하게 느껴질 수도 있지만 생각보다 많은 청소년들에게 나타나는 증상이다. 기면증은 뇌의 시상 하부의 어떠한 신경 세포체가 부족해져서, 여기에서 생성되는 하이포크레틴이라는 각성 물질이 줄어들기 때문에 발병한다고 알려져 있다.

혹시 과도하게 졸음을 참지 못하는 학생이 있다면 무작정 야단만 치지 말고, 수면에 문제가 생긴 것은 아닌지 병원을 내방할 필요가 있다. 참을 수 없이 졸린 증상이 3개월 이상 지속되면 꼭 수면 클리닉을 찾아서 원인을 살펴봐야 한다. 아이의 문제행동은 분명 그 기저에 원인이 있기 마련이므로, 보이는 부분부터 보이지 않는 영역까지 아이의 행동과 습관을 빠짐없이 확인해보는 것이 필요하다.

예전에 내가 가르쳤던 아이 중에는 공격성이 매우 높은 아이가 한 명 있었다. 친구들과 잘 지내다가도 다투게 되면 자기도 모르게 주먹이 나가는 아이였다. 나는 이 아이의 문제가 무엇인지에 대해서 고민하는 한편 주의 깊게 관찰해보았다.

일단 아이는 감정의 폭이 보통 사람에 비해 매우 높았다. 어떨 때는 너무 밝고 긍정적이고 명랑하지만, 어떨 때는 너무 우울해보이고 분노가 가득 찬 것 같아 걱정스럽기도 했다. 게다가 말로써 자신의 감정을 표현하기보다는 주먹을 사용하여 자신의 분노를 표출하려고 하였다.

아이의 행동을 파악하자 문제의 원인을 금방 파악할 수 있었다. 그래서 이러한 문제점을 어머니께 말씀드리고 좀 더 적극적으로 아이를 도와줄 수 있는 전문가의 도움이 있으면 좋을 것 같다고 제안했다. 이후 전문가의 도움으로 적절한 처치를 받은 아이는 원활히 감정을 조절하며 소통하는 사람으로 성장하였다. 아이의 행동이 과도하다고 판단이 될 때 원인을 정확히 진단해야 한다. 아울러 그 문제가 신체적 문제 혹은 정서적 문제인지도 면밀하게 따져봐야 한다.

아이들에게 문제가 생기면 나는 의사가 된 것 같은 기분을 느낀다. 현재 증상(행동)이 무엇인지를 먼저 판단하고 그를 일으키는 병원체(원인)가 무엇인지를 찾으며, 이를 해결할 처방(해결방안)을 끊임없이 고민하게 된다. 하지만 교사 혼자서는 아이의 문제를 해결하기 힘들 때가 많다. 사춘기 아이들의 문제는 생각보다 복잡해서 교사, 부모, 상담사, 의사 등의 협동 작전이 필요하다.

만약 아이에게 치료가 필요하다고 판단되면 지체하지 말고 얼른 병원에 데려가야 한다. 병원에 가는 것은 부끄러운 것이 아니다. 적절한 처치로 치료할 수 있는 시점을 놓치게 되면 이후 더 큰 문제를 야기할 수 있다.

교사가 아이의 문제행동을 파악하고 원인을 진단해줄 수 있지만, 그것을 근본적으로 해결해줄 수는 없다. 이것을 가능하게 할 수 있는 보호자는 부모뿐이다. 아이의 문제상황에 겁먹지 말고 도움을 줄 수 있는 전문가를 적극 활용하면 어떨까. 강한 마음을 먹고 아이의 행동을 냉정하게 분석하면 분명 문제행동의 원인을 파악할 수 있다. 그리고 그 문제를 해결할 수 있는 방안을 찾을 것이다.

희윤 쌤의 💬 토닥토닥 한마디

호랑이를 잡으려면 호랑이 굴로 들어가야겠지요? 아이의 문제의 원인을 파악하려면 먼저 행동 패턴을 주의 깊게 관찰해야 합니다.

이때 말하는 세심한 관찰이란 자녀의 일거수일투족을 감시하는 것이 아닙니다. 무덤덤한 태도를 고수하면서도 아이를 관심 있게 지켜보고 적절한 개입 시점을 잡는 태도를 말합니다. 혹시 전문가의 도움이 필요하다고 판단되면 담임교사 및 상담교사에게 적극적으로 도움을 요청하세요. 손을 내밀면 전문가들은 언제나 아이들과 부모님들을 도울 준비가 되어 있습니다.

LESSON 14

사춘기라 그런 거라고요?

예전과 달리 언어폭력도 학교폭력의 하나로 간주된다. 그중에서도 패드립과 섹드립은 학폭 사건의 발단이 될 정도로 파장력이 크다. '패드립'이란 가족을 매개로 놀리는 언어 행위로, 아이들에게는 가장 모욕적이고 치명적인 욕설이다. 또한 야한 얘기로 성희롱을 일삼는 것을 '섹드립'이라고 한다.

이러한 말버릇이 습관이 되면 타인을 부정적으로 폄하하는 사람이 되기 쉽다. 그리고 화가 날 때마다 상대를 비방하는 언어를 서슴지 않고 사용하는 성향이 길러질 수도 있다. 따라서 아이들이 이런 언어를 습관적으로 사용한다면 자연히 사라질 거라는 생각으로 방치하거나 외면하지 말고 지속적으로 언어 순화를 위해 교육하는 것이 좋다.

나는 평소 다양한 사람들의 이야기를 듣고 그 속에서 문제 원인을 파악하고 해결해보는 것을 습관화하는데 〈안녕하세요〉라는 일반인 고민 상담 프로그램이 나에게 많은 영감을 준다.

가장 최근에 인상적으로 봤던 내용은 청소를 하며 욕을 하는 딸의 사연이었다. 그녀는 사회복지사를 꿈꾸는 서른 살의 취준생이었는데 온 집안을 청소하면서 엄마에게 스트레스를 주는 폭군이었다. 집안 청소를 적으면 3시간, 많으면 6시간씩 몰두하며 온갖 불만과 욕설을 쏟아냈다. 그녀는 밖에서 받은 스트레스를 집에서 청소를 하며 풀었고, 엄마는 당연히 자신의 모든 분노들을 받아줘야 한다고 생각했다. 그 모습을 보고 함께 있었던 패널들은 분노했고, 사연을 보낸 엄마와 이모는 체념했다.

나는 그녀의 행위가 서른 살이 되었을 때 처음 발현된 것은 아닐 것이라는 확신이 들었다. 아마 사춘기 시절부터 막무가내 식 짜증이 시작되었을 가능성이 높다. 어머니는 언행이 잘못되었다고 생각하면서도 내가 아니면 우리 딸 스트레스를 누가 받아주겠냐는 생각으로 반복하여 받아줬을 것이다.

사춘기의 자녀들은 호르몬의 불균형으로 쉽게 짜증을 내곤 한다. 이때 짜증의 원인이 엄마의 잦은 간섭에 있을 경우, 간섭을 거두고 물러서면 아이는 짜증을 줄여나가며 평정심을 되찾을 것이다. 그러나 만약 짜증의 원인이 딱히 없다면 더 이상 받아줘서는 안 된다. 아이의 과도한 짜증을 문제상황으로 인식하고, 가족 전체의 행복을 위해서 대화나 상담 등을 통해 문제를 해결해보자고 설득해야 한다.

의외로 사춘기 자녀에게 폭언을 듣거나 욕설을 듣는 부모가 많다. 심지어는 폭행을 당하는 부모들도 있다. 부끄럽기도 하고 '어른이 되면 나아지겠지'라는 기대로 내버려두기도 한다. 이는 오히려 병을 키우는 일이며, 바늘 도둑을 소도둑으로 만드는 것임을 기억하자.

사춘기는 2차 성징이 시작되며 부모보다 신체적으로 우월해지는 시기다. 이때부터 부모를 대상으로 공격성을 발휘하는 자녀는 어른이 되어서도 당연히 자신을 부모보다 우위라고 생각한다. 최악의 경우, 노년이 된 부모의 재산을 뺏으려고 하는 파렴치한이 될 수도 있다. 그러니 사춘기에 보이는 나쁜 인성에 대해서는 방치하지 말고 그때그때 적절하게 지도해야 한다.

학교에서 남자아이들이 여자아이들에게 심한 언어폭력을 했던 사건이 있었다. 이를 가해자인 남학생 학부모에게 알리고 학폭위에 회부될 수도 있다고 전달했다. 그랬더니 대번에 그 부모님은 "정말, 말세네요."라고 반응하며 몹시 언짢아했다.

그분의 논리는 아이가 자라는 과정에서 말실수를 할 수도 있고, 잘못했다고 사과하면 넘어갈 일이지 무슨 여자애들이 그 정도 일을 가지고 학폭위니 뭐니 일을 크게 만드느냐는 것이었다. 그 말을 듣는 순간 내가 피해자가 된 것처럼 화가 났다.

　물론 일리 있는 부분도 있다. 사춘기의 아이들은 과도기에 있기 때문에 어떤 잘못을 했을 때 징계나 처벌보다는 '회복적 생활교육'에 방점을 두어야 한다. 그러나 그 잘못이 타인에게 신체적·정서적 피해를 초래했다면 엄격한 처벌도 필요하다. 그래야 다시 하지 않아야겠다는 경각심을 갖는 계기가 될 수 있다.

　예컨대 여성에 대해 욕을 심하게 하는 남자아이를 방치하면 여성에 대한 혐오를 가진 남성으로 성장할 수 있다. 또한 인종차별적인 발언을 서슴지 않는 아이들을 방치할 경우 인종 차별적인 생각을 가진 어른으로 자라날 수 있다. 사춘기 자녀들에게 필요한 것은 '자유'지 '방임'이 아니다. 잘못된 방임은 아이들에게 제대로 된 판단력을 심어주지 못하고 자기 멋대로 판단하고 행동하는 어른으로 자라게 한다.

　이러한 이유 때문에 나는 방임이나 방치는 또 다른 학대라고 생각한다. 아이들이 잘못을 했을 때 무엇이 잘못되었는지 알려주고 어떻게 해야 올바른 행동인지에 대해서는 알려주는 것이 바로 어른의 역할이다.

《독일 엄마의 힘》을 쓴 저자 박성숙은 독일 엄마들은 눈치 없이 천방지축인 아이를 남을 배려할 줄 모르고 자기만 생각하는 사회 부적응 아동으로 생각한다고 했다. 그래서 그들은 자녀에게 항상 타인을 의식해서 배려하고 존중할 것을 가정교육을 통해 강조한다는 것이다. 이를 통해 독일 사회가 왜 교육 선진국으로 불리는지 알 수 있었다. 일찌감치 타인을 존중하는 교육을 가정에서 지도할 때 타인에 대한 존중 의식이 내재할 수 있다.

우리나라 사회도 이제 '저 나이 때는 다 저렇지'가 아니라 '저 나이부터 가르쳐야지'의 관점으로 바뀌어야 하지 않을까?

희윤 쌤의 💬
토닥토닥 한마디

요즘 내 아이 기죽는다는 이유로 공공장소에서 떠드는 아이를 혼내지도 못하게 하는 엄마들을 보면 안타까운 마음이 절로 듭니다. 타인과 함께 생활하는 이 세상 어떤 곳에서도 멋대로 하는 행동이 허용되는 경우는 없습니다. 그것이 남들에게 피해를 끼친다면 더더욱 그렇지요. 따라서 아이에게 해서는 안 되는 것들에 대해 미리 알려주는 것은 매우 좋은 교육법입니다. 함께 살아가는 세상에서 욕구나 욕망을 조절할 줄 아는 능력은 꼭 필요하기 때문입니다. 어리다는 이유로 나쁜 습관들을 방치하거나 묵인하지 말고, 일찌감치 성숙한 사회의식을 심어주는 것이 필요합니다. 방심하는 순간 남들의 눈살을 찌푸리게 하는 자녀의 나쁜 습관이 평생 동안 이어질 수도 있습니다.

한 발짝 떨어져서 지켜보기

이 책을 읽는 독자가 꼭 기억했으면 하는 속담이 두 개 있다. "귀한 자식일수록 매 한 대 더 때려라."와 "바늘 도둑이 소도둑 된다."이다. 난 이 둘을 합쳐서 "바늘 도둑을 소도둑으로 만들지 않으려면 매 한 대를 더 때려라."라고 말하고 싶다.

핵가족화가 되기 전에는 학교가 아니더라도 자연스럽게 아이의 인성을 교육할 수 있는 생활환경이 조성되어 있었다. 부모뿐만 아니라 조부모가 함께 자녀들의 인성 교육을 담당하였고, 형제들을 통해서 부족한 인성을 함양할 수 있었다. 게다가 마을 단위로 하는 공동체 생활을 통해 마을 어른 전체가 아이들의 훈육을 담당했기에 아이들은 나눔·배려·예의·존중 등의 가치를 수시로 체화할 수 있었다.

그런데 산업화·도시화가 가속화되며 이러한 인성교육의 시스템은 무너졌다. 게다가 어린이집, 유치원 등 사회화 기관에 일찌감치 등원한 아이들이 늘어났고, 소수의 교사에 의해 다수의 아이들이 길러지면서 인성 교육이 굉장히 어려워졌다. 가정과 사회 모두에서 인성에 대한 교육이 어려워지자, 초등학교에서부터 빈번하게 문제 상황이 발생하고 있다. 신체 발달 수준은 과거에 비해 월등한 반면, 아이들의 정신 연령은 점점 더 낮아지고 있다.

사춘기는 어린 시절 못 다한 인성 교육을 할 수 있는 마지막 시기이다. 이 시기를 놓치면 잘못된 인성을 평생 바로잡을 수 없다. 만약 과거에 인성 교육을 소홀히 한 부모가 있다면 이 시기를 반드시 사수하라고 말하고 싶다.

자녀의 인성 교육을 제대로 시키려면 문제행동이 나왔을 때 접근하는 관점부터 부모가 바르게 설정해야 한다. 아이가 처음 문제행동을 일으켰을 때 부모가 보여주는 태도는 매우 중요하다. 부모가 어떤 태도를 취하느냐에 따라 아이의 문제행동은 소거될 수도 있고 확대될 수도 있다. 즉, 자녀의 문제행동에 접근하는 부모의 태도로 아이들의 미래는 달라진다.

한 남학생이 엄마 카드를 긁어서 20만 원어치의 게임 아이템을 결제했다. 나중에 이를 알게 된 엄마는 호되게 아이를 혼냈다. 사실 그 아이의 집은 꽤 풍족한 편이었으나, 엄마는 금액 그 자체보다 가족을 속이고 물건을 훔친 것이 얼마나 나쁜 것인지에 대해 아이에게 엄격히 훈육했다. 그 이후 아이는 경제관념이 철저하면서도 거짓말을 하지 않는 아이로 성장했다.

이 일화는 아이의 첫 번째 문제행동에서 보여주는 부모의 접근 방식이 아이의 성장 방향을 결정한다는 것을 보여주는 사례다. 만약 엄마가 금액에 대해 집착하며 돈을 쓴 것에 대해서만 혼냈다면 아이는 자신의 행위를 반성하지 못했을 가능성이 있다. 하지만 돈보다 더 중요한 가치인 신뢰와 정직에 대해 훈육함으로써 자녀에게 문제행동을 성찰할 수 있는 기회를 제공했다. 이처럼 자녀의 문제행동은 그 자체로 부모에게 교육적 관점을 제공한다. 아이들의 문제행동을 어떻게 규정하고 대하는지에 따라 아이들의 추후 행위가 결정된다.

보통 중학교에서 흡연이나 폭력 등으로 말썽을 부렸던 아이들 중 상당수가 고등학교에 가서 자퇴를 한다. 바늘 도둑이 소도둑이 되는 것이다. 중학교까지는 의무 교육이므로 교사도 어떻게 해서든 졸업을 시키려고 보듬는 편이지만, 고등학교에서는 그렇지 않다.

이처럼 자녀가 문제행동을 했을 때 부모가 간과한다면 훗날 더 큰 문제 상황을 맞이할 수 있다. 중학생 때 흡연을 하고, 학폭 문제를 빈번하게 일으켰던 아이가 있다. 그때마다 학교에서 연락을 받은 부모는 왜 내 착한 자녀를 문제 아이로 규정하냐며 학교를 원망했다. 그 부모는 귀한 자식 매 한 대 더 때리는 길을 선택하기보다는 떡 하나 더 주기를 선택했다. 결국 그 아이는 고등학교에 진학하여 걷잡을 수 없는 범죄의 길로 빠지게 되어 학교를 떠나고 말았다.

내 부모가 나를 어떻게 생각하고 평가하는지 자녀들은 귀신같이 안다. 자신이 한 잘못을 모르는 아이들은 생각보다 드물다. 그런데 그 잘못을 부모가 어떻게 대하는지에 따라서 아이들은 반성의 길로 가기도 하고, 더 안 좋은 늪으로 빠지기도 한다. 자녀를 정말 귀하게 생각한다면 내 새끼라는 이유만으로 자녀를 보듬는 것이 아니라 따끔하게 지적하고 야단치면 어떨까. 요즘 학부모님들에게 가장 안타까운 점이 바로 이것이다.

한 아이가 담배를 소지하고 있었다. 그러다가 교사에게 발각되었는데 담배를 소지했다는 이유만으로 흡연으로 간주되었다. 만약 내 자녀의 일이라면 어떻게 말할 수 있을까?

이런 상황에서 대다수의 부모들이 자녀를 두둔한다. 학교가 아이를 더 믿어줘야 하는 것이 아니냐고, 담배를 소지한 것만으로 흡연으로 처벌하는 것은 아니지 않느냐고 억지주장을 할 때가 많다.

안타깝게도 흡연은 한번 시작되면 중단하기가 쉽지 않다. 금연 학교, 전자 담배 등 수단과 방법을 가리지 않아도 이미 중독된 흡연은 멈추기 쉽지 않다. 특히 흡연 같은 문제는 공부를 잘하는 아이들도 해당될 수 있다. 그러니 부모의 입장에서는 문제를 감추기에 급급한 것이 아니라 상황에 대한 이해를 정확히 하면서 아이가 지켜나가야 하는 선을 제시해주는 것이 필요하다.

당장은 피우지 않고 그저 호기심에 친구의 것을 얻어 소지만 했을지도 모른다. 그러나 흡연하는 무리와 어울리게 되면 흡연은 당연해진다. 상황이 더 나빠지면 '흡연-음주-오토바이' 등의 수순을 밟게 된다. 그러면서 점점 더 대범하게 문제를 일으키고 종국에는 보호감찰이나 소년원 등으로 발전할 수 있다.

교사는 더 이상 아이들에게 엄하기 쉽지 않다. 예전처럼 체벌이 허용되는 세상도 아니거니와 문제행동이 나올 시에 야단이라도 잘못 치면 민원이 발생할 소지가 있다. 어떤 학부모는 모든 사람들이 보는 교무실에서 자신의 아이를 야단쳤다며 인권침해를 이유로 민원을 제기하기도 한다. 이러한 분위기 때문에 교사들은 방어적인 자세를 취하게 된다.

그러니 학교 교육에서 자녀들의 문제행동을 교정해주기만을 바라고 방관하지 말고 가정에서 직접 문제행동에 대해 적절 수위의 훈육이 필요하다. 시기를 놓치고 뒤늦게 후회해봤자 소용없다. 자녀의 잘못된 문제행동에 부모가 동조하게 되면 결국 소도둑을 길러낸다는 것을 기억해야 한다.

희윤 쌤의 💬 토닥토닥 한마디

자녀를 소중하게 생각하는 부모님의 마음은 잘 알지만, '부모 욕심'과 '부모 마음'을 앞세우며 자녀를 대하다 보면 안 좋은 결과들을 만나실 수도 있어요. 자녀가 잘못된 길을 갈 때 적절하게 훈육할 타이밍을 놓칠 수도 있고, 도리어 잘못된 가치관을 주입시킬 수도 있답니다. 가끔씩은 자녀를 하나의 독립된 인격체로 바라보려고 노력해보는 것은 어떨까요? 한 발짝 떨어져서 지켜보며 다양한 관점에서 아이의 장단점을 파악해본다면 내 아이를 객관적으로 볼 수 있는 눈이 생길 겁니다.

엄마의 조바심,
아이는 알고 있다

우리나라 특유의 빨리빨리 성향은 교육 분야에서도 나타난다. 초등학교 입학 전까지는 무조건 한글을 떼야 한다는 불안과 조바심, 중학생이라면 고등학교 내용은 선행해야 한다는 인식 등으로 말이다. 그러나 엄마의 불안과 조바심은 아이의 미래에 별로 도움이 되지 않는다.

자녀 교육에 무척 열성적인 어머니가 있었다. 그녀는 넉넉한 형편이 아니었지만 초등학교 자녀 두 명을 모두 해외로 조기 유학 보내기로 결정했다. 유학을 보내기 전 어머니는 적어도 몇 년 해외생활을 하면 영어만큼은 잘 할 것이라는 기대를 가지고 있었다. 그래서 모든 재산을 끌어 모아 아이들의 유학 자금으로 과감하게 투자했다.

그런데 중학생이 되어 우리나라로 다시 돌아온 아이들은 학교생활에 잘 적응하지 못했다. 오히려 유학생활을 계속 지원해주지 못한 부모를 원망했다. 해외 체류 경험을 바탕으로 영어 전문가가 될 줄 알았던 아이들은 중하위권의 평범한 성적으로 졸업했다.

어떤 전문가가 나서서 말해도 어머니들의 불안과 조바심은 말릴 수가 없다. 그중에서도 특히 영어 과목에 대한 걱정과 두려움은 무척 심한 것 같다. 그런데 왜 이렇게 많은 학부모가 영어에 대한 강박을 심하게 느끼는 것일까. 내가 국어 교사라서가 아니라 지금 아이들의 미래에는 영어에 대해서 불안감을 느낄 필요가 없다고 말해주고 싶다.

과거에는 영어를 잘하느냐 못하느냐가 대학 합격을 가르는 중요한 요소였다. 그러나 이제는 상황이 다르다. 수능에서도 영어는 절대평가 영역이다. 예전처럼 목숨 걸고 해야 할 과목이 아니라 필요해졌을 때 자발적으로 공부해도 충분하다.

게다가 이미 만 3세가 넘었고 한국어를 모국어로 구상하는 화자는 아무리 영어권 국가로 유학을 가도 한국어로 먼저 생각한 뒤 영어로 바꿔 말하는 언어 구조가 형성되어 있다. 부모 중 한

분이 외국인이라 자연스럽게 이중 언어에 노출된 상황이 아니라면 무조건 모국어는 한국어일 수밖에 없다.

우리가 일을 하면서 영어를 써야 하는 직업이 과연 얼마나 될까? 생각보다 많지 않다. 해외 영업, 외교관, 통역사 등 영어를 전문적으로 써야 하는 일을 제외하고는 기본적인 회화만으로도 충분하다. 게다가 번역 어플이나 인공 지능이 앞으로 훨씬 발달할 것이므로 갈수록 영어에 대한 부담은 자연스럽게 줄어들게 될 것이다. 어쩌면 영어를 얼마나 잘하는가가 아니라 번역 어플을 얼마나 잘 활용할 수 있는지가 능력으로 인정받을 수도 있다. 그러니 영어에 대한 조바심과 불안으로 아이를 억지로 영어학원에 보내지는 않았으면 좋겠다.

사실 공부는 '다이어트'와 똑같다. 다이어트를 위해 이번 달 열심히 운동하고 식단 조절을 하면 이번 달이 아닌 다음 달에 살이 빠진다. 성적도 마찬가지다. 열심히 공부하다 보면 침체기를 거쳐 한참 후에 성적이 향상된다.

그러나 많은 부모들이 학원을 보내거나 과외를 시키면 바로 다음 시험에서 성적이 나와야 한다고 생각한다. 학교 교사인 나에게 사교육에 대해서 상담을 하는 경우도 많이 있는데, 이런 경우 최소 3개월은 지켜보시라고 조언한다. 사람이 어떤 것에 적응하기까지 100일은 필요하다.

10년 넘게 아이들을 가르치면서 정말 많은 유형의 아이들과 학부모를 만났다. 그중에서도 지도하기 난감한 아이가 바로 난독증 학생이었다.

ADHD와 난독증은 일반적으로 비슷한 것 같지만 조금 다르다. ADHD는 '주의력 결핍 장애'로 주의가 산만하고 분노 조절이 어려우며 자기 합리화가 강한 것이 특징이다. 반면 난독증은 침착한 성향이라도 나타날 수 있으며 글자를 제대로 읽지 못하는 경향이 있다. 특히 긴장된 상태에서 더욱 심하게 드러난다. 이런 아이들은 수학 시험을 볼 때 숫자 3이 8로 보이기도 한다. 0이라는 숫자 하나가 답을 전혀 다르게 도출하게 만드는 수학 시험에서 특히 치명적일 수밖에 없다.

처음에 이런 상황에 놓인 아이를 어떻게 지도해야 할지 몰라 고민하다가 경력이 많은 선생님께 조언을 구했다. 그분은 아주 냉철하고 단호하게 답했다.

"장 선생, 걔는 공부를 안 해야 해."

그분의 말의 요지는 이러했다. 난독증은 심리적인 문제라 오히려 성적이나 공부를 강조하면 더욱 심해진다는 것이다. 그러니 차라리 스트레스를 감소시키는 마그네슘을 많이 먹는 게 아이에게는 더 도움이 될 거라는 것이다.

수학 시험을 보는데 5가 3으로 보이고 3이 1로 보이면 문제를 제대로 풀 수 있을까? 이런 상태라면 선배 교사의 말처럼 공부를 강요하지 않는 편이 나을 것이다. 이런 특수한 상황에 놓인 아이를 지도할 때는 불안과 조바심으로 아이를 압박하기보다는 아이의 상태를 먼저 확인한 후 장기적으로 아이에게 도움이 되는 것은 무엇인지에 대해 판단해야 한다.

　불안이나 조바심 등의 부정적인 감정은 전염이 빨리 된다. 그러니 막연하게 가지는 불안과 조바심은 빨리 버리는 것이 좋다. 불안할 것은 없다. 조급할 것도 없다. 아이들마다 자신의 재능과 적성을 찾는 시기가 다를 뿐이다. 실패해도 좋으니 천천히 네 페이스대로 가라고 이끌어준다면 어떤 시련과 고난에서도 아이들은 힘을 낼 수 있다.

희윤 쌤의 💬
토닥토닥 한마디

우리나라 사람들은 타인에게 뒤처지지 않는 삶을 중요하게 생각하는 경향이 강합니다. 그러다 보니 부모 입장에 놓이면 조바심을 내게 되는 경우가 많지요. 자녀가 학교를 다닐 때는 성적 때문에 조바심을 내게 되고, 자녀가 성인이 된 이후에는 취업과 결혼에서 조바심을 냅니다.

하지만 부모가 발을 동동 구르며 조바심을 낸다고 해서 이루어지는 것은 아무것도 없습니다. 성적은 공부를 하는 당사자가 노력하지 않는 한 절대로 올라가지 않습니다. 또한 취업과 결혼은 적절한 시기와 기회가 뒷받침되지 않으면 결실을 맺기 어렵지요. 부모의 불안과 조바심은 부모와 자녀에게 스트레스만 될 뿐이며 행복을 방해하는 지름길입니다.

저희 반 급훈은 '적재적소에서 당당히'라는 뜻의 '적당히'입니다. 공부를 잘하든 못하든 아이들은 각자의 재능을 발휘하며 사회의 구성원으로 역할을 다할 것을 굳게 믿습니다.

속마음 인터뷰 ②

희윤쌤이 묻고 성빈이가 답하다!

#수학여행 #꿈은스스로 #반항아시절 #아빠가된다면 #셀프인정

희윤쌤: 자, 인터뷰를 한번 시작해볼까? 본인 소개 부탁드려요.

손성빈: 안녕하세요, 저는 키가 작지만 뭐든지 열심히 하는 손성빈입니다.

희윤쌤: 와, 멋진데? 자기소개 정말 좋아요! 성빈이는 중학교 졸업이 얼마 안 남았는데 다시 중학생이 된다면 꼭 하고 싶은 일이 있니?

손성빈: 음, 저는 중3 수학여행 갔을 때로 다시 돌아가고 싶어요. 그때가 중학교 생활 3년 중에서 가장 기억에 남고 제일 재밌

었어요.

희윤쌤: 아하, 수학여행이 제일 재밌었구나! 선생님은 수학여행 인솔하는 게 제일 힘들었는데…. 그래도 성빈이가 행복했다니 그걸로 됐다. 성빈아, 너는 이제 졸업을 하지만 학교에 여전히 남아 있는 후배들이 있잖아. 그들을 위한 조언을 5글자로 한다면?

손성빈: 5글자요? 음… '꿈.은.스.스.로.'라는 말을 해주고 싶어요.

희윤쌤: '꿈은 스스로'? 오, 의미심장하네.

손성빈: 제가 부모님이 원하시는 대로 달려오다 보니 꿈을 갖게 되긴 했는데, 그게 진짜 저의 꿈이 맞는지 모르겠어요. 맞는 것 같기도 하고, 아닌 것 같기도 하고… 너무 고민이 되는 요즘입니다. 그래서 적어도 자신의 꿈만큼은 스스로 찾았으면 좋겠어요.

희윤쌤: 성빈이는 꿈이 '항공교통관제사'라고 했었지? 부모님 덕분에 어쨌든 꿈은 찾았는데 너랑 안 맞는 것 같니?

손성빈: 네, 저도 처음에 호기심을 갖고 시작하긴 했는데요. 공부를 워낙 잘해야 하는 직종이라서 부담이 많이 되고, 조금 흔들리는 것 같아요. 그래서 다시 제 꿈을 찾기 위해 노력 중입니다.

희윤쌤: 우리 성빈이 아주 기특하네. 혹시 성빈이에게도 중2병이 있었니?

손성빈: 저는 진짜로 중2였던 작년인 것 같아요. 맨날 밤늦게까지 밖

에서 놀다가 집에 가고 그랬는데, 부모님이 화를 내실 때마다 제가 분을 못 이겨서 방문을 쾅 닫고 들어갔어요. 그럼 부모님이 다시 "너 이리 나와 봐, 문을 왜 이렇게 세게 닫아?"라고 물어보시잖아요. 그럴 때는 괜히 혼날까봐 바람 때문에 저절로 세게 닫혔다고 변명한 적도 있고, 에라 모르겠다 하면서 버럭버럭 대든 적도 있어요. 대들면 당연히 혼나기도 했고, 맞기도 했죠.

희윤쌤: 아이고, 부모님이 많이 속상하셨겠는데? 이 자리를 빌려 부모님께 한마디 해볼래?

손성빈: 작년에도 그랬고, 올해도 반항하고 그런 모습도 많이 보여드렸는데 부모님이 많이 이해해주시고 참아주신 것 알고 있어요. 늘 감사합니다. 앞으로는 더 잘하는 아들이 되겠습니다.

희윤쌤: 만약 성빈이가 나중에 아이를 낳는다면 어떤 아빠가 되고 싶니?

손성빈: 그 아이가 100퍼센트 만족하는 좋은 아빠가 될 수는 없겠지만, 최선의 노력은 해야겠죠. 아이가 원하는 것이 무엇인지 귀를 기울이고, 가능한 것이 있다면 아무리 어린아이라고 해도 그 의견을 많이 반영해주어야 한다고 생각해요.

희윤쌤: 그럼 아빠 말고, 앞으로 어떤 사람이 되고 싶니?

손성빈: 솔직히 누구나 남에게 인정받는 사람이 되고 싶어 하지만, 막상 그렇게 되기가 어렵잖아요. 그래서 저는 남에게 인정받

기 전에 나부터 나한테 인정받는 사람이 되고 싶어요. 나 자신을 가장 잘 아는 것도, 가장 든든하게 믿어주는 것도 어차피 나라고 생각합니다.

희윤쌤: 자, 이제 마지막입니다. 이 글을 읽는 독자들에게 한마디 한다면?

손성빈: 자녀를 향한 관심과 사랑으로 인해 야단도 치시고 조언을 해주시는 것 잘 알고 있어요. 하지만 너무 과하게 하지는 않으셨으면 좋겠어요. 특히 무조건 공부만 하게끔 강요하기보다 가끔씩은 자유롭게 풀어주셨으면 해요. 친구들과 즐겁게 노는 시간이 많으면 공부에 대한 열등감이나 경쟁심도 줄어들고 친구들과 유대감도 더 좋아질 것 같아요.

3장

사춘기 아이의
마음을 여는 한마디

—

[대화법 편]

잔소리는 짧고 간결하게

유명한 야구선수와 그의 사춘기 딸이 함께 나와서 토크를 하는 TV프로그램을 본 적이 있다. 딸은 항상 "~해라"의 명령형 종결어미를 사용하는 아버지와의 대화가 너무 듣기 싫다고 말했다. 아버지와 거리를 두는 그 딸의 모습을 보고, 어떤 누리꾼들은 아버지가 유명한 덕분에 자신이 얼마나 많은 것을 누리고 사는지 몰라서 배부른 투정을 한다며 비난했다. 하지만 나는 그 아이한테 그런 것들은 중요한 문제가 아니라고 생각한다. 사춘기 아이들에게 부모를 좋아하는 것과 잔소리는 별개의 범주이기 때문이다.

청소년들은 근본적으로 잔소리에 노이로제가 걸려 있다. 선생님이나 부모님 외에도 만나는 어른들마다 잔소리를 하기 때문에 이미 질릴 대로 질려버린 상태다. 이들에게는 잔소리는 들으면 들을수록 짜증나고 반항하고 싶게 만드는 기폭제에 불과하다. 타이밍이 적절하지 못한 잔소리는 반항하고 싶은 사춘기 아이들에게 빌미를 제공한다. 자녀가 공부를 하게끔 만들기 위해서는 오히려 공부하지 말라고 하는 편이 더욱 효과적일지도 모른다.

고려대학교 교육학과를 졸업한 수재 개그우먼 박지선의 어머니는 실제로 그렇게 박지선을 대하셨다고 한다. 박지선은 어머니가 사춘기 시절 자신의 공부를 방해했기 때문에 스스로 공부를 했다고 밝혔다. 어머니는 딸에게 '스트레스 받으며 공부하지 말라'며, 딸의 방에 들어와 코를 골며 잠을 잤다고 한다. 박지선은 오히려 이런 태도에 더 열심히 공부를 하게 되었다. 만약 엄마가 공부를 하라고 강요했다면 자신은 공부를 하지 않았을 것이라며, 엄마는 이러한 자신의 심리를 파악하고 반대로 행동한 것 같다고 말했다.

자녀의 반항적 기질을 꿰뚫은 고도의 작전이었는지 아니면 학업보다는 자녀의 현재 행복을 중요하게 생각하는 어머니의 가치관이었는지는 알 수 없으나, 잔소리를 하지 않음으로써 딸의 학업 동기를 지속시킨 것은 감탄할 만한 전략이다.

가수 이적의 어머니로 알려진 여성학자 박혜란은 공부하라는 잔소리를 한마디도 하지 않고 자녀들을 수재로 공부시킨 어머니다. 그녀는 자녀 교육에 특별히 신경 쓰지 않으며 원하는 대로 인생을 살아갈 수 있도록 자유를 허용해주었다. 지인들은 무관심하다고 비난하기도 했지만, 자녀가 모두 서울대에 진학하자 인식을 바꿨다고 한다.

그녀는 단 한 번도 아이들에게 공부하라는 말을 한 적이 없다. 다만 마흔이 되었을 때 스스로 예전에 못 다한 대학원 공부를 시작하여 식탁에서 공부를 하자, 아이들이 알아서 책을 들고 모여 옆에서 공부를 한 것이 비결이라고 밝혔다.

자식을 위해 하는 부모들의 말은 대부분 피가 되고 살이 되는 긍정적인 말이다. 그 말 속에는 자식에 대한 간절한 바람이 담겨 있다. 하지만 아무리 좋은 말일지라도 아이들에게는 하나의 메시지로 귀결된다.

잔. 소. 리.

아이들은 잔소리를 한 귀로 흘려들으며 그저 이런 생각만 하고 있다.

"휴, 또 시작이군."

'아, 언제 끝나지?'

남녀 간에도 잔소리는 관계를 나쁘게 하는 원인이 된다. 어느 기자가 한량 같은 남편과 이혼하지 않고 한평생을 산 부인에게 어떻게 버틴 것인지 물어보았다. 그랬더니 그 부인은 남편에게 술 먹지 말라고 잔소리를 하느니 그냥 해장국을 끓여주는 것을 선택했다고 답했다. 잔소리를 해봤자 어차피 먹히지도 않고 사이만 나빠질 게 뻔하니, 잔소리 대신 상대에게 맞춰주며 사는 지혜를 발휘한 것이다.

남녀 관계 및 부모와 자식 관계, 아니 그 어떤 인간관계에서도 '잔소리'는 백해무익하다. 잔소리꾼 시어머니, 잔소리꾼 상사를 떠올려보면 알 수 있다. 아무리 좋은 말이라 할지라도 잔소리는 되도록 짧고 간결하게 하는 것이 좋다.

현실적으로 아이를 기르면서 잔소리를 안 하는 것은 불가능하다. 그런데 문제는 부모가 잔소리를 한다는 그 자체보다, 잔소리 대부분이 성적이나 공부에 국한되어 있다는 점이다. 아이에게 가장 많이 하는 말을 꼽아보면 바로 알 수 있다.

"얼른 숙제해."

"학원 안 가?"

"TV 좀 그만 보고, 공부해."

아이들은 이런 말을 조언으로 여기지 않고 학업 스트레스를 주는 억압적인 메시지로 받아들인다. 앞서 밝힌 것처럼 부모가 공부에 대해 잔소리를 안 하는 것이 오히려 학습의 동기를 유발시킬 수 있다. 잔소리를 하지 않음으로써 아이들에게 학업에 대한 부정적인 이미지를 형성하지 않고, 아이들 스스로 자신의 학업을 선택할 수 있도록 선택권을 부여한 것이다.

나의 경우도 비슷하다. 우리 부모님은 슬하에 나를 포함하여 자식이 셋인 데다 장애가 있는 늦둥이 아들까지 신경 써야 할 것들이 많으셨다. 그래서인지 항상 '희윤이는 차분한 아이이니 알아서 잘하겠거니.'라고 믿고 매사에 나에게 맡기셨다. 그래서 학창시절 공부의 주도권은 항상 내가 쥐고 있었다. 돌이켜보면 나는 학업에서 문제상황에 봉착하면 스스로 노력하거나 잘한 친구들을 벤치마킹해야만 했다. 필기를 잘하는 친구들을 따라 하기도 했고, 성적이 높은 아이들이 문제집을 많이 푼다는 사실을 깨닫고는 문제풀이 위주의 공부를 하기도 하였다. 그리고 친한 친구들과 매일 밤 10시에 통화를 하면서 공부를 얼마나 했냐는 이야기를 나누기도 했고, 평균 3점을 더 올리려면 어떻게 해야 좋을지에 대해 끊임없이 고민을 하면서 시험 준비 기간을 늘리기도 하였다.

지금 와서 보니 이러한 습관은 최근 강조하는 자기 주도적 학습에 해당하는 전략이다. 자기 주도적 학습이란 학습에 필요한 계획이나 목표를 스스로 결정하고 이를 조절·점검하는 학습 방법을 말한다. 부모의 잔소리가 듣기 싫어 억지로 공부한 사람들은 절대로 겪어보지 못하는 학습 전략이다.

4차 산업 혁명 시대에 자기 주도적 학습 능력은 꼭 필요한 역량 중 하나로 평가받는다. 앞으로는 수동적인 학습자보다는 능동적이고 진취적인 학습자가 훨씬 더 필요하기 때문이다.

성적에 대한 잔소리를 줄여 아이들이 스스로 자신의 학업을 꾸릴 수 있는 기회를 주자. 그 기회가 자녀에게 통한다면 가끔 성공하고 가끔 실패하면서 학업에 대한 다양한 생각을 통해 자신의 학업 능력을 조절할 수 있는 융통성 있는 인재로 성장할 것이다.

희윤 쌤의 💬 토닥토닥 한마디

아무리 좋은 얘기라고 해도 두 번, 세 번 반복해서 들으면 질리지요? 아이들도 마찬가지입니다. 의식적으로 잔소리를 평소보다 줄여보면 어떨까요? 아이에게 잔소리를 하고 싶을 때가 다섯 번이라면 이 중 세 번 정도는 다른 것으로 대체하는 거지요. 잔소리 생략하기, 잔소리 대신 잘한 점을 찾아 칭찬하기, 우회적으로 돌려 말하기 등등으로요.

부모가 자녀에게 하는 말과 행동이 다양해질 때 아이들은 호기심을 보입니다. 동일한 메시지라 할지라도 그 스타일이 다르면 다른 메시지로 느껴집니다. 적어도 듣지도 않고 귀를 닫는 일은 없어질 겁니다.

엄마는 자존감 도둑?

《자존감의 여섯 기둥》의 저자 너새니얼 브랜드는 자존감을 떠받치는 두 가지 기둥으로 '자기 효능감'과 '자기 존중감'이라는 개념을 제시한다. 자기 효능감은 자기 정신의 기능에 대한 믿음이며, 자기 존중감은 자신이 가치가 있고 중요하다는 것을 스스로 인식하는 감정을 의미한다. 즉, 스스로가 괜찮은 사람이라고 여기는 상태는 자기 존중감이 확보된 상태라 할 수 있다.

우리는 긍정적인 언어를 사용해야 하는 이유에 대해 익숙할 정도로 많은 얘기를 들어왔다. 그럼에도 불구하고 여전히 많은 어머니들이 사춘기 자녀를 시소 위에 태우고 '엄친아'와 저울질을 한다. 각 학교에 전교 1등은 한 명씩밖에 없을 텐데, 어떻게 엄마의 친구 아들들은 죄다 전교 1등인지 모를 일이다.

학부모들의 입장을 들어보면, 아이를 자극시켜 공부를 더 열심히 하게 만들기 위해 남과 비교를 한다고 말한다. 그러나 사춘기 자녀를 엄친아와 비교하는 순간 아이들의 자존감은 바로 손상된다. 자존감이 손상되면 여러 가지 문제가 발생한다. 학교 부적응, 학업 결손, 인간관계 실패 등이 모두 다 여기에서 비롯된다고 볼 수 있다.

게다가 친구의 아들로도 모자라 사촌까지 끌어들이면서 아이를 열등한 존재로 무시하고 치부한다. 아이는 엄마의 말이 틀리다고 생각하지는 않지만 서럽고 속상하다. 만약 엄마가 비교한 그 대상 못지않게 노력해왔던 아이라면 억울하기까지 할 것이다.

아이의 자존감을 무너뜨리는 핵심 무기는 부정적인 언어다. 자존감이 낮은 아이들은 끊임없이 "안 돼!"라는 말에 노출된다. 무엇을 하려고만 시도하면 안 된다고 하니, 어느새 아이들은 무의식에 '난 하면 안 되는 사람', '난 해도 안 되는 사람'이라는 인식을 가지게 된다.

"넌 왜 그것밖에 못하니?"

혹시 아이에게 이런 말을 달고 살지는 않는가? 이 말을 들은 아이는 스스로를 어떻게 생각할까. '나는 정말 이것밖에 할 수 없는 사람이구나!'라고 스스로를 단정 짓게 될지도 모른다.

부모의 부정적인 말 한마디는 정말 큰 영향을 미친다. 잘할 수 있는 일도 부모가 할 수 없다고 선언해버리면 아이는 정말 할 수 없는 일로 인식하게 된다. 그러니 부모는 아이에게 긍정적인 언어를 사용하여, 아이에게 할 수 있다는 인식을 심어주어야 한다.

강사 시절 나는 아이들의 성적을 기가 막히게 올려주어 인기가 좋았다. 실업계 고3을 단번에 전교 1등으로 만들어 In서울 전문대에 수시로 갈 수 있게 만들기도 했고, 보통 잘 오르지 않는 모의고사 성적을 4등급에서 2등급으로 올려 원하는 군사학과에 진학시키기도 했다. 이것이 가능했던 이유는 나만의 특별한 교육 비법이 있었기 때문이다. 바로 아이의 강점을 기가 막히게 잘 찾아내고 이를 긍정적인 언어로 칭찬하는 것이다.

나는 그때 활용했던 비법을 여전히 학교에서도 활용한다. 항상 지필고사가 끝나면 아이들과 서술형 답안지를 확인하고, 아이들의 답안지와 총점을 보면서 성적에 대한 피드백을 주곤 한다. 이때 아이들에게 긍정적인 성취를 좀 더 강조하기 위해 노력한다.

"이번에 서술형은 정말 실수하지 않고 문제를 꼼꼼히 읽고 잘 썼구나!"

"하나만 더 맞추면 십의 자리가 바뀌겠다!"

"역시 이번에 수업을 열심히 듣더니 성적이 오를 줄 알았어!"

"저번보다 많이 올랐지? 어떻게 이렇게 잘했어?"

이런 말을 하면 대부분 쑥스러워하며 국어만 좀 잘 본 거라고 한다.

긍정적인 한마디가 아이의 인생을 바꿀 수 있다. 대부분의 부모들은 아이가 성적표를 가져오면 이전 성적표와 비교해서 떨어진 성적이 무엇인지 찾기 바쁘다. 하지만 아이의 성적을 올리고 싶으면 떨어진 성적이 아니라 향상된 성적을 찾아야 한다. 이 과목을 이렇게 올린 것으로 보아, 너는 분명 다른 것도 잘할 수 있는 아이라고 격려하고 칭찬해줘야 한다. 부모나 교사가 아이에게 한 칭찬 한마디가 아이의 능력을 폭발적으로 키우는 계기가 되기도 한다.

언어와 사고는 밀접한 관계가 있다. 긍정적인 말을 듣고 긍정적으로 말해야 긍정적으로 사고할 수 있다. 칭찬의 말을 들은 아이들은 자신에 대한 믿음을 바탕으로, 그 일이 성공할 것임을 확신한다.

"괜찮아, 잘할 거야!"

이 한마디가 자녀의 자존감을 상승시켜주고 아이들에게 성공을 가져다줄 것임을 꼭 기억해야 한다.

희윤 쌤의 💬
토닥토닥 한마디

안타깝게도 많은 성인이 인생 최초의 자존감 도둑으로 부모님을 꼽습니다. 그만큼 부모님으로부터 부정적인 말을 많이 들었다는 것이죠.

앞으로 어른이 되어 사회생활을 하면서 많은 자존감 도둑을 만날 우리 아이들에게 미리부터 좌절을 안겨줄 필요가 있을까요? 아이가 납득할 만한 칭찬거리를 찾아서 기분 좋게 칭찬해주고 자녀의 자존감을 높여주세요. 어떠한 시련이 와도 이겨낼 수 있도록 희망의 씨앗을 단단히 심어주세요. 그 씨앗이 꽃을 피울 때면 아이들은 누구보다 강하고 멋진 어른으로 성장할 것입니다.

아이가 스스로
반성하게 하는 대화법

소크라테스는 인류 역사상 최고의 스승으로 손꼽힌다. 그는 학생에게 질문을 던져 학습자 스스로 답을 찾아내도록 유도하는 대화법을 사용한다. 사람들은 본능적으로 질문을 받게 되면 생각을 하게 된다. 처음 받는 질문을 통해 문제의식을 갖게 되고, 계속되는 질문을 통해서 본질에 근접한 생각을 하게 된다. 마침내 문제의 핵을 관통하는 최후의 질문을 받게 되면 그 문제의 답을 자신의 입으로 말하게 되는 놀라운 순간을 경험할 수 있다.

21세기 현대에도 여전히 소크라테스의 대화법은 유효하다.

특히 아이가 잘못을 스스로 깨닫게 할 때에는 더욱더 강력한 힘을 발휘한다. 그런데 대부분의 부모는 자녀를 교육할 때 '질문'이 아닌 '설교'를 시작한다. 그들은 설교를 통해 아이들을 각성시키고, 문제행동을 변화시킬 수 있다고 확신한다. 하지만 이는 바람직하지 않다. 아이들은 자신들에게 불편하고 힘든 그 순간을 모면하기 위해 일시적으로 순종적이고 반성적인 태도를 취할 수는 있지만 진정으로 반성을 할 기회는 갖지 못하기 때문이다.

아이들이 진심이 담긴 '성찰'의 단계에 도달하려면 '설교'가 아닌 '질문'을 던져야 한다. 이때 질문은 '역 깔때기' 기법으로 던져야 한다. 즉, 넓고 쉬운 부분에서 점점 심화되는 질문으로 질문을 던져야 아이들이 스스로 자신의 잘못을 성찰하고 고백하는 경험을 할 수 있다.

나 역시 아이들의 생활 지도를 담당하며 이러한 대화 과정을 밟으려고 노력 중이다. 그래서 문제행동이 두드러졌을 때 F/W/IF단계를 밟으려고 노력한다.

첫 번째 단계인 F는 Fact check(사실 확인)단계다.

"네가 한 행동을 먼저 적어봐."

아이가 다소 심각한 문제행동을 했을 때 가장 먼저 아이의 진술서를 받은 후, 진술 내용을 토대로 사실 여부를 확인하고 사건의 흐름을 파악한다.

그런 다음 반드시 Why를 통해 아이가 문제행동을 한 이유를 물어본다.

"왜 그랬니?"

나는 두 번째 단계인 W단계를 매우 중요하게 생각한다. 잘못된 행동을 했다 할지라도 자신들의 속마음과 의도를 항변할 기회를 주어야 한다. 그렇지 않으면 아이는 잘못을 알면서도 반성하지 못하고 마냥 억울한 마음을 갖게 되기 때문이다. 설령 그것이 하찮은 변명일지라도 직접 사건에 대한 생각을 밝히고, 스스로 문제를 인식할 수 있도록 유도하여야 한다. 그리고 이 과정에서, 결과적으로 바람직하지 않았지만 아이 나름대로는 그렇게 행동할 수밖에 없었던 이유가 드러나기도 한다.

피의자에게 유죄가 확정되기 전 '무죄 추정의 원칙'을 고수하듯이, 나는 '이유 묻기의 원칙'을 통해 그들을 이해하고 공감하려고 노력한다.

"왜?"라는 질문을 통해 아이들의 감춰진 내면 심리를 파악한 후 던지는 마지막 질문은 "If you"다.

"네가 만약 그 친구였다면 기분이 어땠을까?"

이 질문을 통해서 아이들은 자기중심적 사고에서 벗어나 피해자의 기분을 생각해보게 된다. 인간은 자기 손에 박힌 작은

가시는 아파하면서도, 타인의 가슴에 박힌 대못은 보지 못하는 동물이다. 그런데 입장을 바꿔서 생각해보면 자신의 행위가 얼마나 잘못된 것인지에 대해 객관적으로 반추해보게 된다. 굳이 교사가 '네가 잘못한 거잖니?'라는 확인 사살을 하지 않더라도, 아이들은 자신이 잘못한 것이 무엇인지를 깨달을 수 있다.

바다에 정화 능력이 있듯이 아이들 내면에는 문제를 해결할 수 있는 능력이 있다. 교사나 부모들은 질문하는 대화법을 통해 이러한 잠재된 능력을 이끌어내기만 하면 된다. 앞서 제시한 대화의 기법은 비단 교사만 할 수 있는 것은 아니다. 교사가 놀랄 정도로 잘하시는 부모님도 있다.

자녀의 언어폭력으로 학폭 사건에 휘말리게 된 어머니가 있었다. 그분은 아이와 깊은 대화를 나누며 아이의 변화를 이끌어냈다. 아이는 문제행동이 벌어진 후 어머니와 장시간 대화를 하며 자신의 잘못을 깊이 반성하고 잘못된 언어 습관을 고쳐나가기 시작했다.

아이가 스스로 잘못을 깨닫게 하는 유일한 방법은 '대화'이다. 분명 '대화'를 했는데 내 아이가 달라지지 않고 문제행동을 반복한다면 자녀에게 하는 말이 '대화'가 아닌 '설교'일 가능성이 높다.

'대화'와 '설교'를 구분하는 가장 큰 차이점은 '대화'의 본질인

'질문'의 답을 아이에게서 찾는지 아님 부모님 스스로가 일방적으로 주입을 하는지 여부에 따라 달라진다. '질문'을 던진다는 것은 아이들의 마음을 알아보고, 아이들 스스로 자신의 행위에 대해 생각하는 시간을 주는 것이다. 부모가 일방적으로 가치나 생각을 주입하려고 하면 아이들은 절대로 자신의 문제행동에 대해 성찰하려고 하지 않는다.

학생부에 있다 보니 원하지 않더라도 각종 문제행동을 하는 학생들을 지속적으로 만나게 된다. 동일한 사안으로 거듭 징계를 받음에도 불구하고 여전히 학생부 VVIP로 끌려오는 아이들을 보면 그들을 진심으로 뉘우치게 만드는 것이 얼마나 어려운지를 깨닫게 된다.

잘못된 행동은 부모의 야단이 아닌 아이들 스스로의 반성을 통해서야만 근절될 수 있다. 물론 '질문'을 위주로 한 대화법을 사용한다 하더라도 아이들의 문제행동이 하루아침에 해결되지는 않는다. 나쁜 습관이나 행동은 쉽게 형성되지만, 좋은 방향으로의 변화는 오래 걸리기 때문이다. 하지만 반복하여 아이들의 내면을 두드리게 된다면 언젠가 아이들은 스스로의 잘못을 진정으로 깨닫게 되고 변화하는 역사적 시점을 맞이한다. 대화의 핵심 기술을 잘 활용하여 아이 스스로에게 잘못을 뉘우치고 변화할 수 있는 기회를 주는 부모님이 되시기를 바란다.

척추측만증이 있어 SNPE라는 교정운동을 하러 간적이 있습니다. 그곳의 선생님께서는 비슷한 다른 운동을 예로 들며 이 운동의 장점을 설명하시더라고요. 타인의 힘에 의해 척추를 바로잡는 교정법은 효과는 즉각적이지만, 타인의 힘이 사라지면 본래대로 돌아간다고요. 하지만 본인이 스스로 자세를 바로잡는 운동을 하다보면 시간은 걸리지만 그 자세를 오래 유지할 수 있고 근원적으로 좋은 자세를 만들 수 있다고요. 사춘기 아이들도 마찬가지 아닐까요?

부모나 교사의 힘으로 문제행동을 교정했을 경우에는 근시안적인 해결은 될 수 있지만 근본적인 해결은 어렵습니다. 그래서 아이가 스스로 변화할 수 있도록 조력해주는 것이 필요합니다. 시간이 좀 걸리더라도 아이들을 믿어보세요. 분명 자신 안에서 해답을 발견해올 날이 있을 겁니다.

아이의 마음을 읽는 연습

올해 초 인터넷 뉴스를 보다가 정말 실화인가 싶은 사연을 발견했다. 고3인 그 친구는 서울대 공대에 먼저 합격하고 지방 의대에 예비 번호를 받았는데 어디로 갈 것인가를 두고 아버지와 계속 싸웠다고 한다. 아버지는 의대를 원했고, 아들은 서울대에 진학하기를 원했다. 반복되는 실랑이에 지친 아들은 초강수를 두게 된다. 서울대에 예치금을 넣고 지방 의대에 전화해서 예비 기회를 받아도 가지 않겠다고 통보를 한 것이다. 의대에 붙으면 아버지가 의대에 가라고 할 게 뻔하니 의대에 합격하지 않도록 조치를 취한 것이다.

그런데 기절할 일은 그 뒤에 발생했다. 알고 보니 아버지도 아들 몰래 서울대 예치금을 빼버렸다. 이렇게 하면 아들이 어쩔 수 없이 의대를 선택하리라 생각했던 것이다. 결국 아들은 먼저 합격한 서울대 공대에도, 예비 합격 가능성이 있었던 지방 의대에도 갈 수 없게 되어 재수를 하게 되었다 한다.

왜 아들은 의대에 가려고 하지 않았을까? 의사라는 선망 받는 직업을 가질 수 있는데 도대체 왜 그랬을까? 많은 부모들이 이 학생의 선택을 이해하지 못할 것이다. 그러나 답은 간단하다. 아이의 마음이 의사를 원하지 않았기 때문이다. 이런 대참사가 일어나게 된 것은 아버지가 아이의 마음을 읽지 않았기 때문이다. 아버지는 왜 아이가 의대에 가고 싶지 않은지를 먼저 알아봐야만 했다.

나도 어릴 때에는 막연히 '의사'가 되고 싶었던 적이 있다. 그런데 조금 더 커서 알았다. 나는 비위가 약하고 공감 능력이 높아서 의사를 하기에는 부적합하다는 것을. 타인의 아픔을 보면 내가 다친 것만큼 너무 아프고, 상처나 피를 보면 속이 좋지 않다는 것을 깨닫고는 의사의 꿈을 접었다. 나에게는 의사나 간호사와 같은 직업은 돈을 많이 줘도 할 수 없는 직업이었다.

'의대'나 '사범대'와 같이 특정 직업과 바로 연결되는 전공에 진학하게 되는 경우 반드시 자녀의 적성을 반드시 살펴봐야 한다. 그리고 그러한 직업으로 살아간다는 것에 대한 마음이나 생각은 어떤지도 확인해봐야 한다.

그런데 이런 상의 과정도 없이 아버지가 자신의 소유물처럼 아들의 인생을 결정하려고 하니, 비극적인 일이 벌어지고 만 것이다. 만약 저 재수생의 부모님이 자녀와 소통을 하려고 노력하였다면 이런 비극은 발생하지 않았을 것이다. 소통에서 가장 중요한 것은 바로 상대의 마음을 읽는 것이다. 마음을 읽는다는 것은 다른 의미로 상대의 요구(needs)를 파악한다는 의미이다. 아무리 좋은 행위라 하더라도 상대의 요구 사항과 맞지 않으면 무의미해지기 마련이다.

나도 끊임없이 아이들의 마음을 얻기 위해 노력한다. 새 학기에 내가 가장 공들이는 것은 아이들과의 라포(Rappot)형성이다. 라포란 심리학에서 말하는 우호적 관계를 의미한다. 라포 형성이 잘되어 있으면 아이들을 지도하는 것이 가능하지만 라포 형성이 제대로 되어 있지 않으면 아이들은 일단 교사의 메시지를 거부하는 성향을 보인다.

누구나 자신의 마음이 무시당했다고 생각하면 상대를 거부하기 마련이다. 하물며 사춘기 청소년들 입장에서는 자신의 마음을 이해하지 못하는 부모나 어른들에 대해서는 더욱더 반항심이 들 수밖에 없다. 그런데 많은 부모가 아이의 마음을 무시한 채 소통하려고 하니 소통이 부재하는 경우가 허다하다.

그렇다면 어떻게 아이의 마음을 읽을 수 있을까? 방법은 생각보다 간단하다. 아이에게 어떠한 사건이나 행위를 판단할 수 있도록 정보를 제공해주고 스스로 판단할 수 있는 충분한 시간을 주고 물어보면 된다.

예를 들어 아이에게 겨울방학 동안 영어 캠프를 제안하고 싶다면, 겨울방학 영어캠프에 대한 정보를 먼저 제공한다. 다양한 프로그램의 장점도 말해주고, 발생하는 비용에 대해서도, 겨울방학에 신나게 놀지 못한다는 단점도 말해준다. 이럴 경우 아이들은 바로 결정하지 않고, 생각해보고 답하겠다고 말하는 경우가 많다. 아이는 나름대로 고민을 한 후 가기 싫으면 엄마의 눈치를 보며 곤란한 듯이 말할 것이고, 가기로 결정했다면 기쁘고 단호하게 말할 것이다.

사춘기의 아이들은 어떨 때는 어른이지만 어떨 때는 어린애와 다름이 없다. 흔히 부모님이 아이라고 생각하는 부분, 예를 들어 학업, 진로 등에서는 오히려 어른이지만 반대로 어른이라고 생각하는 기본적인 생활습관 부분에서는 아이의 모습이다. 그러니 부모의 개입은 전자가 아닌 후자에서 더 필요하다. 그런데 많은 부모가 학업이나 진로 부분에 대해 개입하려고 한다. 그러나 오히려 그 영역은 아이의 자율성을 더욱 존중해주어야 하는 부분이다. 적당한 자율성을 존중해줄 때 아이의 자존감이 더 높아지고 어른스러운 결단을 내리며 행동할 수 있게 된다.

사춘기 자녀들과 소통하고 싶다면 아이의 마음을 읽는 제3의 눈을 키우자. 아이가 진정 원하는 것이 무엇일까 고민하고, 때로는 답이 이미 정해져 있을지라도 아이가 원하는 말을 해주자. 아이가 엄마에게 원하는 것이 칭찬이라면 칭찬을, 격려라면 격려를 해주자. 아이가 듣고 싶은 답을 부모가 해준다면, 아이는 자연스럽게 세상에서 내 마음을 알아주는 유일한 사람으로 부모님을 떠올릴 것이다.

희윤 쌤의 토닥토닥 한마디

이제 부모가 마음대로 자녀의 진로를 결정하고 인생을 결정하는 시대는 지났습니다. 그런데 여전히 시대착오적인 발상을 하시는 분들이 있습니다.

"어른이 될 때까지는 내 말을 따라야 해."

이런 말을 하는 부모에게 아이들은 점점 지쳐가고 멀어져 갑니다. 부모도 사람이기 때문에 모든 판단이 옳은 것은 아닙니다. 자녀가 실패하지 않기를 바라는 부모의 마음은 잘 알지만, 아이 인생의 칼자루는 본인이 쥐게 해야 합니다. 아이 스스로 자신의 길을 선택해보도록 지켜보면 어떨까요?

부모의 말이 달라지면
아이의 말도 바뀐다

평소 자녀와 대화가 잘 안된다고 느낀다면 대화를 시작하는 질문 자체에 문제가 있는 것은 아닌지 살펴보아야 한다.

"너 기말고사 몇 점 받았니?"

"너 이번엔 몇 등 했니?"

"모의고사 몇 등급 받았니?"

이러한 질문에 돌아오는 대답은 항상 똑같다.

"잘 모르겠는데요."

아이들이 가장 싫어하는 성적과 관련된 질문을 대화의 첫머리로 옮기면 아이들은 거부감부터 표현한다. '보나마나 취조 당할게 뻔해.'라며 지레짐작하고 부모님과의 대화를 원천 차단한다. 부모가 아이와 대화를 시작하려면 먼저 그 시작이 '성적'에서 벗어나야 한다.

아이들과 진정한 대화를 이어나가고 싶다면 '꿈'을 대화의 주제로 가지고 오는 것이 좋다. 사춘기 아이들 중 절반 정도는 꿈에 대한 생각이 있고, 상당수가 꿈이 없다. 어떤 부모님은 자녀에게 '넌 꿈이 뭐니?'라고 물었는데 아이가 꿈이 없다고 해서 너무 화가 났다고 한다.

그런데 이것은 아이의 잘못이 아니다. 어른들 중에도 꿈이 없는 사람은 매우 많다. 사춘기 청소년들은 꿈을 찾아가는 여정에 있기 때문에 꿈이 없는 것이 어쩌면 당연할 수 있다. 자녀와 꿈의 대화를 시작하라는 것은 아이에게 꿈을 가지라는 무언의 압박을 하라는 의미가 아니라 자녀가 꿈을 찾아가는 과정을 응원해주고 안내해주라는 것이다. 현재 확고해 보이는 꿈을 가지고 있는 아이들이라 할지라도 그 꿈이 중간에 수정되고 바뀔 수 있다. 부모는 아이가 꿈을 찾아가는 그 여행을 즐길 수 있도록 대화하며 생각의 정리를 유도하면 된다.

"요즘 어떤 것에 관심이 있니?"

"뭐가 제일 재미있니?"

자녀의 흥미와 적성에 대해서 지속적으로 관심을 기울이며 아이의 생각을 묻는다면 아이가 부모에게 하는 대답은 달라질 것이다. 처음에는 어설프더라도 점점 진지한 자세로 답변하고 나중에는 기특함을 느낄 정도로 깊은 생각을 토해내는 달라진 자녀를 만날 수 있다.

우리는 누군가가 나의 이야기에 귀 기울이고 공감해준다고 느끼면, 그와 통한다고 생각한다. '내가 너의 얘기를 듣고 있어.' 라는 느낌을 자녀에게 주기 위해서는 '공감적 듣기' 방법을 사용하는 것이 좋다.

공감적 듣기란 상대의 말을 경청하며 들어주는 기술이다. 공감적 듣기에는 '소극적 들어주기'와 '적극적 들어주기'가 있다. 소극적 들어주기는 '집중하기'와 '격려하기'로 나뉜다. 집중하기는 아이들의 말을 끄덕거리며 들어주는 방법이며, 격려하기는 "그래서?", "계속 말해 볼래?"와 같이 질문으로 대화를 이어갈 수 있도록 하는 방법이다.

한편 적극적 들어주기에는 "아, 그래서 네가 화가 났던 거구나!"라고 아이의 말을 다시 한 번 똑같이 말하는 '재진술' 기법과 "아, 네가 열심히 했는데 진수가 몰라줘서 속상했던 거구나!"라며 아이의 말을 이해하고 화자의 생각을 덧붙여주는 '반영하기' 기술이 있다.

이 내용은 나의 독단적 생각이 아니라, 고등학교 1학년이 되면 국어 시간에 배우는 화법 교육 내용이다. 사춘기 자녀들은 이미 이런 내용을 배우고 있다. 따라서 부모님이 이러한 공감적 듣기 방법을 취하며 대화를 청해온다면, 분명 자녀는 '부모님이 내 말을 들어주려고 노력하는구나!'를 느낄 것이다.

'공감적 듣기'와 더불어 'I-message'를 사용한다면 아이들은 부모님과의 대화를 편안하게 느낄 수 있다.

"너는 왜 그렇게 게으르니?"

"네가 그래서 안 되는 거야!"

부모들이 자녀들에게 하는 메시지는 대부분 위와 같은 'You-message'다. 아이들은 이러한 메시지를 들으면 자신이 비난받는 다고 느낀다.

"네가 더 부지런해지면 참 기쁠 것 같아."

"네가 이렇게 안 해서 엄마는 좀 슬퍼."

위의 예시처럼 평소 자녀에게 하는 말의 주어를 '너'에서 '나'로 바꾸어 보자. 질문이 바뀌면 분명 아이들의 대답이 훨씬 부드럽고 우호적일 것이다. 지금 당장 '사건-감정-기대' 순으로 구성된 I-message로 대화를 시도해보면 어떨까.

만약 성격상 도저히 말의 대화를 길게 하기가 쑥스럽다면 '몸의 대화'를 추천한다. 대화를 항상 말로 할 필요는 없다. 사춘기 자녀라 할지라도 '몸의 대화'는 여전히 효과적이다. 물론 일부는 몸을 만지는 것을 굉장히 싫어하는 아이들도 있다. 그러나 '등'이나 '어깨'와 같은 부위는 얼마든지 아이들과 가볍게 터치할 수 있다. "너를 믿는다!"라는 말을 하며 어깨를 두드리는 것 그리고 "괜찮아, 잘될 거야!"라며 등을 토닥이는 것은 분명 아이에게도 부모님의 사랑을 듬뿍 느낄 수 있는 대화법이 될 것이다.

대화의 주제와 방식뿐만 아니라 대화의 장소를 바꾸는 것도 자녀와의 성공적인 대화에 도움을 줄 수 있다. 어떤 어머니는 평소 말이 없던 딸과 함께 카페에 갈 일이 있었는데, 음악이 흐르는 카페에서 마주보고 커피를 마시며 이야기를 하다 보니 몇 시간 동안 대화가 멈추지를 않았다고 한다.

이처럼 자녀가 집에서 평소 과묵한 편이라면 자주 밖으로 데리고 나가는 것이 좋다. 가까운 카페, 공원도 좋고 여행지도 좋다. 아이들은 낯선 장소에서 낯익은 사람들과 더 친숙해지고 자신도 모르게 의지하게 된다. 그런 틈을 이용해서 자녀와 특별한 대화를 시도하는 것도 아주 좋은 경험이 될 것이다.

자녀의 사춘기는 부모와 자녀의 관계가 재정립되는 시기이다. 너무 통하지 않으면 원수 같은 사이가 되기도 하지만, 그때를 돈독하게 잘 보내면 세상에서 가장 친한 친구가 되어 떼려야 뗄 수 없는 사이가 되기도 한다. 성인이 되어서도 무슨 일이 생기면 가장 먼저 부모님과 의논하는 사람은 사춘기 때 부모님과

의논하는 습관이 생긴 아이이다. 그러려면 자녀들에게 부모님과 대화가 된다는 인식을 남겨야 한다. 대화의 주제, 방식, 장소 등을 아이들이 선호할 만한 것으로 바꾼다면 분명 아이들은 아주 긍정적이고 살가운 말로 대화에 응답할 것이다.

희윤 쌤의 토닥토닥 한마디

"I-message는 현실적으로 불가능하다. 욕이나 안 하면 다행이지."라고 말씀하시는 부모님도 있습니다. 물론 틀린 말은 아닙니다. 저 역시 이론적으로는 알지만 I-message를 사용하지 못할 때가 더 많습니다.

그렇지만 I-message를 항상 염두에 두고 말을 하면 확실히 You-message를 사용하는 빈도수도 줄어듭니다. I-message가 습관처럼 나올 수 있도록 하루에 한 번씩 연습해보면 어떨까요? 처음에는 어색하더라도 점점 좋은 말버릇으로 발전될 것입니다.

LESSON 22

아이들은 감정에 더 집중한다

"그때 그 말을 그렇게 하지 말아야 했는데."

누구나 한번쯤 이런 말을 되뇌어 본 기억이 있을 것이다. 생각이 다양한 사람들이 어울려 살면서 의견이 충돌하는 일은 비일비재하다. 하지만 감정을 실어서 말을 뱉고 나면 꼭 후회하기 마련이다.

교사가 화가 날 때 감정을 실어서 말을 하게 되면, 아이들에게 큰 상처를 주게 된다. 그로 인해 아이들과 관계도 급격히 나빠진다. 이를 잘 알고 있는 나도 화를 참지 못하고 감정을 실어서 말한 적이 있었다.

우리 반에 부상을 당해서 몸을 조심해야 하는 아이가 있었다. 나는 그 아이에게 슬리퍼를 신었을 때는 미끄러우니 농구장으로 다니지 말라고 여러 번 당부했다. 하지만 그 아이는 매번 이를 무시하고 슬리퍼를 끌고 농구장을 지나다녔다. 어느 날은 내 말을 귓등으로도 안 듣는 녀석에게 매우 화가 나 나도 모르게 감정을 실어 화를 냈다.

그런데 기가 막힌 것은 녀석의 태도였다. 아이는 적반하장으로 너무도 당당하게 되물었다. 농구장을 건너서 오는 길이 자신에게는 지름길인데 어떻게 다른 길로 가라는 것이냐고 우기는 것이다. 순간 '아차차' 하는 후회가 들기 시작했다.

아이는 분명 자신이 무엇을 잘못했는지에 대해서 알고 있을 것이다. 하지만 내 말 속에서 분노라는 감정을 느끼고는 방어기제를 세워 적반하장으로 대들었다. 심호흡을 한 번 한 후 침착하게 감정을 억제하고 최대한 목소리를 낮추기 시작했다.

"선생님이 여러 번 얘기를 했는데 네가 지켜주지 않아서 화가 좀 났었어. 선생님은 네가 또 다칠까 봐 많이 걱정이 돼. 그러니 제발 다음에는 농구장 쪽으로 다니지 말아줄래?"

아이는 수그러든 내 목소리를 듣자, 흥분이 가라앉았는지 투덜거리면서도 고개를 끄덕였다. 이날 이후로 그 아이는 슬리퍼를 신고 미끄러운 곳을 다니는 것을 조심하기 시작했다.

나는 아이들이 원하는 것을 많이 허용해주는 스타일의 담임이지만, 그렇다고 해도 아이들의 모든 요구를 들어줄 수 없다. 일단 아이들의 안전을 우선적으로 책임져야 하며, 구성원들이 함께 교칙을 지키며 생활하는 것을 가르치는 일이 내 직무이기 때문이다. 그런데 아이들은 이것을 잘 알면서도 '나 하나쯤이야.'라는 가벼운 생각으로 규칙을 어기곤 한다.

사실 이럴 때 교사로서 매우 화가 나는데, 화가 나면 날수록 목소리의 크기를 줄이고 어조를 낮추려고 노력한다. 이러한 태도는 오히려 아이들에게 더 강한 전달력을 줄 수 있기 때문이다.

사춘기 아이들에게 감정을 실어서 말하면 아이들은 메시지보다는 감정에 집중한다. 사춘기의 뇌는 감정에 더욱 민감하게 반응하기 때문이다. 만약 욕설을 사용해서 아이들을 지도하게 된다면 아이들은 그 욕설 때문에 더욱 큰 좌절, 분노 등을 경험하게 된다.

사춘기는 예민한 감수성을 지닌 시절이므로 언어폭력의 상처가 그 어느 때보다 더 크다. 언어폭력의 피해자가 자신도 모르게 욕을 하는 가해자가 되어 폭력적인 언어 습관을 지니게 된다. 반복해서 욕을 들으면 스트레스가 쌓이고 좌절감에 휩싸이면서 타인을 향해 공격적인 태도를 취하게 된다. 그래서 사춘기 아이들을 대할 때는 정말 조심스럽게 말을 해야 한다.

중국에서 한 여배우가 자신의 가슴 아픈 가정사를 고백하며 어머니한테 받은 상처를 말한 적이 있었다. 부모님이 이혼한 후 어려서 여동생이 죽었는데 자신이 잘못할 때마다 어머니가 "네가 여동생 대신 죽었어야 하는데."라고 말씀하셨다는 것이다. 다 큰 성인이 서럽게 눈물을 흘리는 것을 보니 가슴에 남은 상처가 얼마나 깊었는지를 알 수 있었다.

사춘기 아이들은 메시지보다는 상대가 나를 향해 표출하는 그 감정을 더 중요하게 인식한다. 그러니 아이들을 지도할 때 감정을 최대한 절제하도록 노력하여야 한다. 화가 나서 감정을 실어서 말하다가 자칫하며 아이의 자존감을 무너뜨리게 되어 부모와 자녀 사이가 영영 멀어질 수도 있다. 게다가 감정을 실어서 말하는 부모를 보며 아이들도 감정을 실어서 말하는 습관을 지니게 될 수도 있다. 부정적인 것은 전염이 매우 빠르다. 부모가 화내는 방식은 아이에게 쉽게 옮겨진다.

이러한 상황을 머리로 이해하면서도 막상 그들과의 대화에서 화를 다스리지 못하는 것은 아이들에게 사춘기가 오는 시기에 부모에게도 감정의 파도가 출렁이는 갱년기가 찾아오기 때문이다. 즉 사춘기와 갱년기의 적대적 관계가 형성되면서 감정과 감정이 충돌하는 참사가 벌어지게 된다. 어떤 어머니는 자녀가 소리를 질렀을 때 "너만 사춘기냐, 나도 갱년기다!"라고 같이 소리쳤다는 웃픈 이야기를 털어 놓기도 했다.

사춘기 자녀와 갱년기 부모가 충돌하는 이유는 둘 다 호르몬 변화로 인해 스스로 감정 조절이 어렵기 때문이다. 갱년기를 맞은 부모 역시 우울하고 짜증나기는 매한가지인데, 이런 상황을 알지도 못하면서 짜증부리고 말 안 듣는 자녀에게 말이 곱게 나갈 리가 없다.

어린 줄만 알았던 아이가 부모에게 버럭 소리를 지르는 순간 부모는 큰 충격을 받는다. 아이들도 역시 자기가 소리를 지른 것에 놀라고, 그 모습을 본 부모 역시 감정을 조절하지 못하고 더 큰 화를 내며 폭발한다. 그러면 이번에는 또 아이가 충격을 받는다. 이런 상황이 지속되면 부모와 자녀가 서로에게 악다구니하는 게 반복된다.

사춘기와 갱년기 중 어떤 시기에 더 감정을 조절하기 어려운지는 비교하기 어렵다. 하지만 분명한 사실은 감정 대 감정으로 부딪히게 되면 양쪽 모두에게 치명적이라는 사실이다. 갱년기 부모도 사춘기 아이들 못지않게 힘들다는 것은 잘 알고 있다. 마냥 젊은 줄 알았는데 아이가 성장하는 만큼 자신이 늙었다는 사실을 자각하고 매우 큰 상실감을 경험하며 앞으로 남은 길이 내리막인 것 같아 속상하고 화가 난다.

하지만 그러한 부모님 곁에는 이 세상 무엇보다 소중한 사춘기 자녀가 있다. 세상에 태어나서 나를 닮은 존재를 낳고 그 존재를 키우는 것만큼 의미 있는 일은 없을 것이다. 말을 지지리도 안 듣는 아이 때문에 감정이 폭발해서 미쳐버릴 것 같을 때, 멋진 어른으로 성장할 아이의 모습을 상상하며 마음을 잡으시길 바란다.

희윤 쌤의 토닥토닥 한마디

"내가 너를 왜 낳았는지 모르겠다."
부모에게 이런 식의 말을 듣고 자란 아이들은 자신이 왜 사는지 모르겠다며 자살에 대해서 생각해보기도 합니다. 아무리 화가 나도 자녀에게 상처가 될 수 있는 말들은 지양해야 합니다. 존재 자체를 부정하는 식의 말들은 자녀의 자존감을 손상시키고 회복하는 데 오랜 시간이 걸리게 만듭니다. 게다가 자녀 역시 부모의 영향으로 폭언을 하는 데 익숙한 사람이 되어버립니다. 화가 가라앉지 않아 말에 감정이 실릴 때는 잠시 멈추는 것도 좋은 방법입니다. 부모의 말이 고와야 자녀의 대답이 곱습니다. 화는 또 다른 화를 불러올 뿐임을 기억하세요.

사춘기 부모의 감정 코칭

싸움을 하다 보면 처음에 화났던 주제 때문이 아니라 그 사람이 나에게 화를 내는 방식 때문에 화가 나서 싸움이 커지는 경우가 있다. 이는 서로가 매우 감정적인 상태이기 때문에 일어나는 일이다.

감정이 격해지면 분노라는 부정적인 감정이 뇌 전체를 지배하여 이성적 사고를 하기 어려운 상태가 된다. 그러니 하지 않아도 될 말도 하게 되고, 절대로 해서는 안 되는 금기로 생각되는 말과 행동도 거침없이 하게 된다. 소위 말하는 '필터링'이 전혀 작동하지 않는 무(無) 이성 상태가 되는 것이다.

감정이 격해질 때 이를 해결하는 가장 좋은 방법은 그 격해진 감정을 객관적 위치에서 바라보는 것이다. 눈으로 보이지는 않지만 어떤 형태로 존재한다고 가정하고 분노와 미움을 마음 밖으로 내보내고 이를 지켜보면서 부정적인 에너지를 잠재우는 것이다.

그러나 아이들과 실시간으로 대화를 나누거나 언쟁 중에 발생한 분노를 잠재우는 것은 정말 쉽지 않은 일이다. 특히 막무가내로 반항을 하는 아이들을 대할 때면 화가 머리끝까지 올라오는 경험을 하기도 한다.

작년 2학기에 임시로 스포츠클럽을 맡은 적이 있다. 당시에 나는 3학년 수업을 들어가지 않았기 때문에 3학년 아이들에 대해서 잘 몰랐고, 아이들과 어떠한 유대감도 형성하지 못한 상태였다. 이런 상태로 수업에 임장하게 되었는데, 어떤 아이가 셀카를 열심히 찍고 있었다. 그 모습을 보고 나도 모르게 "지금이 셀카 찍는 시간이야?"라며 크게 소리쳤다. 그랬더니 한 여자아이가 "네!"라며 싸우자는 태도를 보였다.

당황스러움과 강렬한 분노가 쓰나미처럼 몰려오던 그 순간 교사로서 내가 이대로 물러나면 권위가 상하는 것이 아닐까 하는 걱정이 들기도 했다. 하지만 지금 이 상황에서 화를 내는 것은 무의미하겠다는 판단이 들어서 일보 후퇴를 선택했다. 잠시 생각을 멈추자 감정적인 아이와 감정적인 교사가 부딪히게 되면 서로 큰 상처가 될 뿐이라는 이성적인 판단이 들었던 것이다. 그래서 침착한 태도로 아이에게 수업 끝나고 얘기하자고 말하고 상황을 종료했다.

아이와의 대화 중 감정이 격해질 때는 잠시 생각을 멈추고 말하는 것이 가장 좋다. 감정이 격해질 때 말을 계속하게 되면 극단적으로는 욕설 등의 언어폭력까지 발생할 수 있다. 이렇게 되면 아이들과의 관계는 회복하기 어려운 수준에 다다르게 된다. 스스로 감정이 격해진다고 느껴지면 자리를 피하거나 대화를 중단하는 것도 한 방법이다. 이렇게 이성이 돌아온 뒤에 대화를 하다 보면 아이들을 이해하게 되기도 한다.

이는 가정에서도 마찬가지이다. 특히 사춘기 자녀들과 최후의 격돌 끝에 나오는 "나가!"라는 말은 정말 최악의 결과를 가져온다. 부모가 이 말을 하는 이유는 '너는 내 집에서 살고 있으니 내 말을 들어야 돼!'라며 반항하는 아이의 무릎을 꿇리는 최후의 수단일 것이다. 하지만 정작 이 말을 듣는 아이는 계약기간이 남았지만 막무가내로 쫓겨나는 세입자가 된 것 같은 느낌을 받는다. 실제로 어떤 청소년들은 부모님의 "나가!"라는 말 때문에 가출을 시작하기도 한다. 그 말을 듣게 되면 다른 것은 보이지 않고 집 나갈 생각만 든다는 것이다.

가출이라는 것이 참 신기한 게 '한 번도 가출 안 해본 아이는 있어도 한 번만 가출한 아이는 없다'는 것이다. 그만큼 시작이 중요하다. 화가 나서 부모가 "나가!"라고 말해버리면 가출의 빌미를 제공하는 격이 된다. 그러니 아무리 화가 나도 아이들에게 "나가!"라는 말은 절대 해서는 안 된다. 부모가 화를 내며 말하는 순간 아이의 비행이 시작될 수도 있다.

아이들이 흔히 하는 하소연이 있다. 막 공부를 시작하려고 했는데 엄마가 왜 공부를 안 하냐고 소리 질러서 공부하기가 싫어졌다는 것이다. 대다수의 어른들은 이 말을 핑계로 인식한다. 하지만 실제로 이 말이 진실인 경우가 많다. 조금만 더 있다가 공부를 하려고 했는데 부모의 잔소리로 의욕을 상실하는 것이다. 그래서 아이들을 가르칠 때는 인내심이 필요하다. 내 감정대로 하다가는 아이들의 감정 페이스에 말려들게 된다.

아이들은 누구나 말을 안 듣는다. 미운 네 살, 일곱 살이라서 말을 안 듣고, 초4 1차 사춘기라 말을 안 듣고, 중2병이라 말을 안 듣는다. 일단 아이들을 대하는 대전제는 '아이들은 말을 잘 안 듣는다'부터 시작하는 것이 좋다. 즉 기대치를 낮춰 실망을 줄이라는 말이다. 아이답지 않게 말을 잘 듣는 아이가 있다면 이는 정말 감사할 일이다. 그러니 말을 안 듣는 아이 때문에 감정을 끌어올리지 않도록 정신 무장을 단단히 해야 한다.

《아이의 문제는 부모의 문제이다》의 저자 바위펑위안은 자녀 교육은 곧 감정을 관리하는 것이라고 말한다. 아이들은 아직 어리고, 자율적으로 행동하기 어렵고, 어른을 이해할 수 있는 능력이 부족하다. 그래서 아이들의 행동이 우리 눈에는 성에 안찰 수 있고 기대에 부응하지 못할 수도 있다. 아이가 철들기 바란다면 자신의 화를 통제할 줄 알아야 한다. 부모가 먼저 감정을 관리하고 인내심을 키워 아이의 능력을 키워나가야 한다.

감정이 격해지면 지금 화가 난 상태에 대해서만 설명하고자 하는 경우가 많아진다. 그러다 보면 정작 아이들에게 전달해야 할 메시지는 전달하지 못하는 경우가 있다. 그러니 화가 나면 일단 잠시 생각을 멈춰라. 그러면 정말 말해야 할 것이 무엇인지 파악하게 될 것이다.

아이들에게 화가 난 상황에서는 당연히 화를 내야 한다. 하지만 그 화를 어떻게 낼 것인가가 핵심이다. 아이들을 납득시키며 화를 내야 한다. 왜 내가 화가 났는지에 대해서 논리적으로 설명하고 아이의 입장에 대해서도 이해하고 공감할 수 있을 때 대화를 이어나가는 것이 좋다.

감정이 격해질 때 대화를 이어나가는 것은 브레이크가 작동되지 않는 자동차를 끝까지 밀어 올리는 것과 같다. 최악으로 치닫지 않기 위해서 잠시 엑셀에서 발을 떼고 가만히 지켜보며 기다리자. 그러면 곧 아이와 나에게 '이성'이라는 반가운 친구가 찾아와, 평화의 대화 테이블로 인도해줄 것이다.

희윤 쌤의 💬 토닥토닥 한마디

앵그리 부모가 되기를 원하지 않는다면 매사에 화내는 것은 바람직하지 않습니다. 필요할 때 적절한 수위로 화를 내면 합리적인 부모로 인식될 수 있습니다. 화라는 감정을 어떻게 하면 잘 표출할 수 있을지를 끊임없이 고민해봐야 합니다.

화를 내는 행위가 언제나 부정적이기만 한 것은 아닙니다. 이를 통해 축적된 부정적 감정을 해소하고 아이들의 문제행동을 엄격하게 지도할 수 있습니다. 화를 꾹 참아서 병을 만들지 말고 화를 다스려 자녀와 소통할 수 있는 기술을 연마하세요. 적절하게 화내는 위엄 있는 부모가 될 수 있습니다.

엄마랑은 말이 안 통해요

2014년 청소년종합실태조사에서 부모와 대화 시간이 많은 청소년이 더 행복하다는 연구결과가 나왔다. 부모와 대화를 많이 할수록 청소년의 스트레스와 가출 충동은 낮아지고 행복감은 높아진다는 것이다. 그런데 청소년의 연령이 높아질수록 부모와의 대화는 줄어들고, 스트레스와 가출 충동은 증가하며 행복감은 감소한다고 한다.

이는 부모와 자녀의 대화가 얼마나 중요한지에 대해 잘 보여주는 결과이다. 그러나 사춘기 아이들은 오늘도 대화를 거부한 채 마음의 빗장을 채운다.

사춘기 자녀와 부모의 대화가 원활하지 않는 것은 크게 두 가지 원인 때문이다. 첫 번째는 대화 주제에 문제가 있고, 두 번째는 대화 방식에 문제가 있다. 부모가 사춘기 자녀와 대화하고 싶어 하는 주제는 늘 공부다. 기—승—전, 공부가 될 것이 뻔하므로 아이들은 부모와 대화를 원하지 않는다. 만약 자녀가 이성 친구에 대한 이야기를 꺼낸다면 공부할 시기에 이성교제를 하면 어쩌냐 야단할 테고, 배우고 싶은 취미에 대해서 말하면 지금은 공부를 열심히 하고 취미는 대학에 간 뒤에 해도 늦지 않는다고 대답할 것이 뻔하기 때문이다. 이렇게 예측 가능한 대화는 아이들에게 지루함을 줄 뿐이다.

또 대화 방식은 어떠한가. '대화'는 말하는 사람과 듣는 사람이 상호 교섭적으로 의미를 구성하는 행위를 말한다. 그런데 대부분의 부모는 자녀들과 쌍방향 소통이 아닌 일방적 말하기만을 하는 경우가 많다. 이러한 말하기를 고수하고 자녀들과 대화를 시도하려고 하니, 대화가 안 되는 것이다.

"엄마랑은 도대체 말이 안통해요."

"어차피 아빠는 제 말을 안 들을 걸요."

최소한 반반의 비율만이라도 말하고 듣는 행위가 교환되어야 하는데, 부모가 8할 이상을 말하는 경우가 많으니 아이들의 마음이 닫히는 것이다. 그렇다면 어떻게 아이들의 닫힌 마음을 두드릴 수 있을까?

자녀와 가까워지고 싶다면 일상 속에서 자주 대화를 나누어라. 많은 부모가 자녀와의 대화는 무게가 있고 진솔해야 한다고 생각한다. 감정 코칭 등에서도 보더라도 30분~1시간 이상의 자녀와 진솔한 대화를 할 것을 강조한다. 하지만 처음부터 그런 대화를 하는 것은 쉽지 않다. 대화가 없을수록 대화는 시시하고 평범한 일상으로부터 시작해야 한다. 시시콜콜한 대화를 하다 보면 진심 어린 얘기가 나오고, 어려운 얘기도 할 수 있게 되는 것이다. 하루 날 잡아서 하는 대화가 아니라 소파에서 귤 먹으면서 하는 대화, 마트에서 물건을 사면서 하는 대화 등 신변잡기적인 대화부터 시작해야 한다.

처음에는 시시하게 시작한 대화가 자주 반복되고 길어질수록 진지한 이야기로 발전될 가능성이 높아진다. 만약 무장 해제된 아이들이 자신도 모르게 감춰진 속마음을 얘기할 때 부모는 절대로 놀라거나 거부해서는 안 된다. "아, 그렇구나."라는 짧은 공감의 표시를 통해 아이들의 이야기를 경청하는 것이 중요하다.

하지만 많은 부모들은 아이들이 마음을 여는 그 순간을 후회하게 만든다.

"정말? 너 왜 그랬니?"

부모가 이렇게 말하는 순간 아이들은 비난의 화살이 날아올 것을 예측하고 괜히 마음의 문을 열었던 자기 자신을 자책한다. 어렵게 용기 내어 진짜 대화를 시작하려는 아이들을 꺾지 않으려면 저런 반응은 하지 않는 것이 좋겠다.

일상 속 대화를 강조하는 맥락에서 유행하고 있는 교육법이 바로 '밥상머리 대화'다. 밥상머리 대화란 밥상에 옹기종기 모여 있는 그 시간에 대화를 하라는 것이다. 사실 우리나라 부모들은 밥상머리에서 대화하는 것에 익숙하지 않다. 왜냐하면 예전부터 밥상에서는 밥을 먹는 것에 집중해야 하고, 밥풀이 튀지 않게 조심해야 한다고 교육받아 왔기 때문이다. 그러나 오늘날 밥상에서만큼 자연스럽게 가족이 한자리에 모일 시간은 없다. 따라서 밥상머리 대화는 점점 중요한 가족 문화 중 하나로 여겨지고 있다.

그런데 밥상머리 대화의 중요성을 알고 있어도 막상 현실적으로 시도하기 어렵다. 따라서 이를 현실화하려면 가족끼리 합의를 통해 '아침', '저녁' 혹은 '주말'이라도 꼭 같이 모여 식사를 하며 즐겁게 대화하는 시간을 정해두어야 한다. 존 F케네디의 어머니는 항상 아이들에게 아침 식사 전 뉴욕 타임즈의 주요 기사를 읽게 했고, 형제들은 식사 중 토론을 하면서 다른 형제의 의견을 경청하는 습관을 들였다 한다.

밥상머리 교육을 처음 시도하는 집안에서 케네디 집안처럼 거창한 대화를 시도할 필요는 없다. 아이와 자연스럽게 일상을 공유하고, 특정 화제에 대해서 자연스럽게 의견을 공유하는 대화를 나누면 충분하다.

만약 면대면 대화가 여의치 못하다면 카톡, 전화, 손편지 등 다양한 매체와 경로를 통해서 대화를 자주 나누는 것이 좋다. 나도 사춘기 시절에 엄마하고 사이가 좋지 않을 때 손편지를 주고받거나 문자를 통해 마음을 전달하곤 했다. 일상 속에서 자녀와 대화를 자주 나누는 습관을 지니면, 아이들과의 소통은 자연스럽게 따라올 것이다.

희윤 쌤의 토닥토닥 한마디

대화는 참 신기합니다. 평소에 대화를 많이 하는 관계일수록 대화의 소재가 많아집니다. 자주 통화하는 사이일수록 통화가 길고 만나서도 할 얘기가 많지요. 자녀와 대화를 하고 싶다면 처음부터 거창한 대화를 시도하려고 노력하지 마세요. 일상에서 시시콜콜한 대화를 자주 나누다 보면 자연스럽게 인생의 고민을 나누는 진지한 대화를 할 시기가 찾아옵니다.

희윤쌤이 묻고 겨레가 답하다!

#리더십 #연애 #주산암산 #여동생 #롤모델

이겨레: 안녕하세요. 저는 학생 자치회 회장을 맡고 있는 이겨레라고
합니다.

희윤쌤: 네, 안녕하세요. 자기소개에 밝혔듯 현재 학생 자치회 회장
을 맡고 있는데, 겨레가 생각하는 '리더십'은 어떤 것인가요?

이겨레: 리더십이란, 리더가 먼저 솔선수범해서 행동함으로써 다른
친구들의 행동을 이끌어내서 같이 나아가는 것이라고 생각
합니다.

희윤쌤: 솔선수범해서 행동하면 친구들이 잘 따라와 주나요? 학생
자치회를 이끌어갈 때 아무래도 힘든 점이 많이 있었을 것

같은데.

이겨레: 음, 생각한 것처럼 일이 마냥 쉽게 풀리지는 않더라고요. 그리고 예산 같은 것도 좀 계획적으로 사용했었어야 하는데 그렇지 못한 것. 그런 현실적인 부분이 좀 어려웠던 것 같아요.

희윤쌤: 그렇지. 항상 계획한 대로 일이 진행되지는 않으니까. 이제 졸업이 얼마 안 남았는데, 혹시 후배들을 위해 조언해주고 싶은 것이 있나요?

이겨레: 저는 솔직히 체력이 부족한 편이에요. 쉽게 지치고 피곤해져서 공부할 때도 힘든 점이 많이 있는데, 후배들도 앞으로를 생각해서 운동을 열심히 하고 미리미리 체력을 단련해 두면 좋을 것 같아요. 그리고 공부는 수업시간에 집중해서 제대로 하는 게 가장 좋은 것 같아요. 집이나 학원에서도 물론 해야겠지만, 일단 수업시간에 졸지 않고 들어 두는 게 기본으로 깔리는 것 같아요. 아, 그리고 할 수 있으면 연애도 열심히 해보면 좋을 것 같아요. 어릴 때부터 미리 연습을 많이 해 두면 나중에 커서 결혼할 때에도 도움이 되지 않을까요? 물론 저는 아직 해보진 않았지만….

희윤쌤: (웃음) 중학교 때부터 연애를 미리 경험해보라니 참신하다. 겨레는 혹시 지금까지 살면서 가장 후회되는 일이 있나요?

이겨레: 음… 주산 암산을 중간에 그만둔 것이 좀 후회돼요. 제가 주산 암산 자격증 시험에서 전국 1등을 두 번이나 해봤거든요.

계속 했으면 더 잘할 수 있었을 텐데, 중간에 재미가 없어서 관뒀어요. 다시 예전으로 돌아갈 수 있으면 좀 지루하더라도 참고 계속할 수 있을 것 같아요.

희윤쌤: 많이 아쉬운 모양이구나. 혹시 겨레는 중2병을 겪은 적이 있나요?

이겨레: 저는 솔직히 중2병을 딱히 겪지 않았다고 생각해요. 그래서 부모님을 특별히 속 썩인 적은 없는데, 여동생이랑 사이가 좀 안 좋아서 그 부분은 부모님이 속상해하실 것 같아요.

희윤쌤: 그러니? 여동생이랑 주로 어떤 문제로 싸우는데?

이겨레: 저는 부모님 속을 썩이지 않으려고 노력을 많이 하거든요. 그런데 동생은 투정이 있는 것 같아요. 그래서 저는 오빠로서 그걸 바로잡아주고 싶어서 이야기를 하다 보면 싸움으로 번져요. 그리고 한 살 차이이다 보니까 동생이 가끔 저를 너무 만만하게 생각하는 것 같기도 하고, 그래서 자주 투닥거리게 되네요.

희윤쌤: 그래? 그럼 동생한테 고마운 점은 없어?

이겨레: 사실 제가 동생한테 본받고 싶은 점이 있는데요. 용돈을 받으면 저는 그냥 생각 없이 막 쓰는데 여동생은 저축도 잘하고 돈을 아껴서 쓰거든요. 그래서 제가 돈이 없을 때 여동생이 도움을 주기도 해요. 그런 점에서 고맙기도 하고 대단하다고 생각하고 있어요.

희윤쌤: 맞아, 사람에게는 누구에게나 장단점이 있는 법이지. 겨레도 동생의 좋은 점을 많이 바라보려고 노력하면서 어른이 되면 점점 서로를 이해하게 될 거야. 다음 질문! 우리 겨레는 앞으로 어떤 사람이 되고 싶은가요?

이겨레: 남들 잘 때 깨어 있는 사람이요. 공부도 많이 하고 뭐든 노력하고 이뤄내는 사람이 되고 싶어요.

희윤쌤: 남들이 잘 때 깨어 있는 사람이라니, 정말 멋진데? 자, 마지막으로 이 책을 읽는 독자들에게 한마디 해주세요.

이겨레: 제 롤 모델은 부모님이에요. 아닌 사람도 있겠지만, 제 주위에 있는 많은 친구들이 부모님을 롤 모델로 삼고 있어요. 그러니 이 책을 읽는 부모님들이 계시다면, 자녀가 부모님을 롤 모델로 삼고 있다는 사실을 꼭 기억해주시면 좋겠어요.

4장

도무지 알 수 없는
아이의 마음

[내면 코칭 편]

LESSON 25

아이의 관심사를
알고 있나요?

새 학기가 되면 아이들의 희망 진로를 파악한다. 한창 꿈 많을 것 같은 청소년들이 의외로 꿈이 없는 경우가 많다. 희망 진로가 해마다 바뀌는 것은 차라리 긍정적이다. 적어도 자신의 진로에 대해 고민하고 탐색하고 있다는 표시이기 때문이다.

아이들이 무엇인가에 몰두하고 특정한 영역에 관심을 갖는 것은 매우 좋은 일이다. 그것으로부터 아이들이 발전할 수 있는 가능성을 발견할 수 있기 때문이다. 그래서 교과 수업 외의 창의적 체험 활동이나 방과 후 활동도 강조되고 있다. 우리나라 여자 컬링 국가대표 선수들만 보더라도 그렇다. 고교시절 방과 후 활동으로 했던 컬링으로 국가 대표가 되고 올림픽에서 메달을 획득하는 것을 보고 많은 사람이 학교에서 하는 활동들이 꿈과 직결될 수 있음을 확신할 수 있었다. 아이의 관심사는 곧 아이의 미래가 될 수 있다.

아침 조회 시간 전, 청소를 지도하다가 죽어가는 새끼 고양이 한 마리를 발견했다. 태어나자마자 어미에게 버려졌는지 차가운 시멘트에서 싸늘하게 식어가고 있었다. 나는 고양이를 살리고 싶었지만 방법을 몰라 매우 당황했다. 그때 학교 근처 길고양이들을 정성껏 돌보던 연미가 떠올랐다. 연미라면 녀석을 살릴 수 있지 않을까 하는 생각이 들어서 급히 불렀다.

연미는 고양이를 보더니 제일 먼저 따뜻한 물이 담긴 물병과 뜨거운 캔 커피를 구해와 아기 고양이의 체온을 높여주었다. 그러고 나서 나에게 주사기를 구해달라고 부탁했다. 연미는 내가 구해온 주사기로 고양이 입안에 가득했던 흙을 빼고 수분을 공급해주었다. 또한 배를 문질러서 배냇변을 배출시켜 그 어린 생명을 살려냈다.

연미의 이런 모습에 눈물 날 만큼 큰 감동을 받았다. 평소 고양이를 좋아한다고만 생각했는데 능숙한 처치 과정을 지켜보자니 수의사를 해도 될 정도로 고양이에 대한 지식이 해박했던 것이다.

아이들이 관심을 가지고 있는 대상에서 우리는 아이의 진로를 발견할 수 있다. 예를 들어서 동물을 좋아하는 아이라면 '동물'과 관련된 직업 세계를 꿈꿀 수 있다. 그리고 좋아하는 것이 '만화'라면 만화가를 꿈꿀 수도 있다. 그러니 아이가 무엇인가에 대해서 관심을 갖게 되면 건강하게 밖으로 드러낼 수 있도록 공유하는 것이 필요하다. 이는 관심사를 재능으로 바꾼다는 의미도 있지만, 부모와 소통 관계를 형성하는 계기가 될 수 있다는 면에서도 의미가 있다.

나는 항상 아이들의 작은 관심사를 기억하려고 노력한다. 아이가 좋아하는 연예인을 기억했다가 그 연예인이 광고하는 한정판 제품을 선물해주기도 한다. 천 원 남짓의 작은 선물이지만 아이는 무척 고마워하고 소중하게 생각한다.

사춘기 아이들은 '동질감'을 매우 중요하게 여긴다. 선생님이 자신이 좋아하는 연예인의 제품을 구매했고 자신에게 선물했다는 자체에 아이는 선생님과 통하는 느낌을 받는다. 아이들의 관심사를 파악하고 함께 공유하는 것은 아이들과 관계를 잘 형성할 수 있는 특급 비결이다.

작년에 연미를 처음 만났을 때만 해도 라포(rapport) 형성이 되지 않아서 애를 먹었다. 하지만 '동물 애호가'라는 공통된 관심사를 알게 된 뒤 서로 진심이 통하는 사이로 발전했다. 관심사를 공유하게 되면 자연스럽게 대화의 주제가 생기게 된다. 부모와 자녀도 마찬가지다.

예를 들어 자녀가 건담 조립 등에 관심이 있다면 부모가 이를 함께하면서 아이와 더욱 친밀해질 수 있다. 또한 같은 야구팀을 응원하는 것도 좋은 방법이다. 가족끼리 함께 야구장에 가서 응원도 하고 맛있는 것도 먹으며 대동단결하는 경험을 쌓는 것은 매우 바람직한 교육법이다.

그런데 사춘기 아이들은 아무하고나 관심사를 공유하지 않는다. 관심사를 공유한다는 것은 자신의 영역에 들어오는 것을 허락하는 것과 같다. 그러니 아이와 친밀한 관계를 유지하기 위해서는 진솔하게 관심사를 공유하는 것이 좋다.

사춘기 아이들이 가장 관심 있어 하는 것 중에 하나가 바로 성(性)이다. 그런데 어른들은 그것을 잘 인정하지 않는다. 아이들에게 더 큰 자극을 주지는 않을까 하는 두려움이 있기 때문이다.

그런데 이는 잘못된 생각이다. 아이들은 어른들이 알려주지 않아도 이미 성에 대해 너무 많은 정보를 알고 있다. 어쩌면 성행위를 일컫는 다양한 용어나 체위 등을 어른들보다 더 많이 알고 있을 수도 있다. 성교육에 대해서는 부모들이 아이들의 속도를 못 따라간다.

어떤 고등학생은 자기 부모님의 주민번호를 도용해서 반 아이들과 전체적으로 야동을 공유하기도 한다. 그런데 이 정도는 약과다. 집 앞 편의점에 모여서 삼삼오오 컵라면을 먹고 있었던 초등학생들의 대화가 내 귀를 놀라게 했다.

"야, 야동 봤냐?"

"당연히 봤지! 요즘 야동 안 보면 찐따 아냐?"

기껏해야 3~4학년 정도밖에 안 되어 보이는 아이들이었기에 그들의 대화가 너무 충격적이었다. '야동'을 보는 것이 범죄는 아니다. 그런데 그런 야동만으로 성을 배우게 되면 성행위에 대한 왜곡된 시각이나 편견이 생길 수 있다. 게다가 몰카 형식으로 제작된 야동은 누군가의 성범죄 피해 영상일 수도 있다. 그래서 부모들이 정확하게 제대로 알려주는 성교육이 반드시 필요하다.

최근 유튜브가 활성화 되면서 조회수를 얻으려는 목적으로 몰카나 리벤지 포르노 등의 성범죄가 증가하고 있다. 따라서 자신의 몸을 지키는 성교육과 더불어 타인의 권리를 침해하지 않는 성교육도 반드시 필요하다.

표면적으로는 하고 싶은 것들은 없다고 말하면서도 사실 사춘기 아이들은 '성, 연예인, 돈, 정치' 등 다양한 분야에 대해서 관심을 보인다. 그러한 관심사를 함께 나누고 긍정적인 방안으로 활용한다면 분명 아이들과 친밀한 관계를 형성할 수 있다. 나아가 적성과 흥미를 발견하는 유익한 결과물을 얻게 될 것이다.

**희윤 쌤의 💬
토닥토닥 한마디**

혹시 자녀가 연예인에 빠져 있어 걱정이신가요?

사춘기 아이들이 연예인에 관심을 가지는 것은 자연스러운 현상입니다. 그러한 열정도 시간이 지나면 저절로 소멸되게 됩니다. 너무 심각하지만 않다면 아이들의 관심사를 존중해주는 것이 필요합니다. 좋아하는 연예인이 공부하라고 해서 공부했다는 모 연예인의 말은 농담이 아닙니다. 팬픽(연예인을 등장시켜 가상으로 쓰는 소설)을 열심히 쓰다가 작가나 소설가가 되는 아이들도 분명 있습니다. 그러니 아이들의 관심사를 공유하며 적절하게 활용하는 지혜를 발휘하시기 바랍니다.

바람직한 성교육 시기는
언제일까

최근 심해진 미세먼지로 인해 학교에서도 공기청정기가 설치되었다. 콩나물시루같이 빼곡하게 가득 찬 교실에서 공부했던 어른들에게는 믿기지 않을 최신 문물이다. 아이들이 조금만 뛰어 다니면 금방 빨간색 경보가 뜨는 것을 보니 개구쟁이 녀석들이 감당이 될까 싶기도 하다. 어쨌든 공기청정기가 생기면서도 공기청정기를 켜고 끄고 하는 관리도 하나의 업무가 되었다.

하루는 정말 어이가 없는 일이 있었다. 공기청정기가 꺼져 있어서 앞에 있던 한 남학생에게 공기청정기를 켜라고, 누워 있는 공기청정기 윗부분을 세우라고 말했다. 그랬더니 녀석이 공기청정기를 양 옆으로 문지르고 쓰다듬으면서 "얼른 서라, 빨리서!"라고 말하는 게 아닌가. 그 모습을 본 다른 녀석들은 무엇이 연상되는지 킥킥거렸다. 나는 처음에는 영문을 몰라 어리둥절했다가 그 의미를 눈치채고는 무척 당황했다.

사춘기 아이들은 성에 대한 관심이 높을뿐더러 성을 마치 놀이처럼 인식한다. 특히 남학생들은 미혼의 여선생님 앞에서도 거침이 없다. 학교 뒷마당에 매달린 가지를 야릇한 손길로 쓰다듬는 녀석, 사회 시간에 나온 '오가닉'을 '오르가즘'으로 대신 소리치는 녀석들도 있다. 성희롱이 될 수도 있는 문제인데 사춘기 아이들은 대체로 그런 개념이 없다.

대부분 자녀가 사춘기에 접어들면 성교육을 시작해야 한다고 인식한다. 그러나 사춘기에는 실질적인 성 문제를 언급할 수는 있어도 성교육이 처음 이루어져서는 안 된다. 성교육에 대한 시기는 이보다 더 빨라야 하는데. 정신분석학자 프로이드가 말한 남근기(3~6세)부터 성교육이 이미 시작되는 것이 좋다. 이 시기에 잘못된 성 개념이 형성되면 각종 성적 콤플렉스가 형성될 수도 있기 때문이다. 남자아이가 어머니에게 애정을 가지면서 아버지를 경쟁자로 생각하는 오이디푸스 콤플렉스, 여자아이가 자신에게 없는 남근을 갈망하며 남근이 없는 어머니를 동일시하는 엘렉트라 콤플렉스 등이 생길 수도 있다.

프로이드는 성에 대한 발달은 남근기(3~6세)에 주로 이루어지다가, 생식기(11세~)에 폭발적으로 발달한다고 말했다. 그의 성격 발달 이론은 오늘날까지 많은 시사점을 준다. 다만 잠복기(6세~11세)에 대해서는 재평가가 이루어져야 한다고 생각한다. 프로이드는 6~11세를 잠복기 혹은 잠재기로 명명하며, 성적 에너지가 성을 관장하는 신체 일부에 머무르지 않는 평온한 상태라 말했다.

그런데 영양 상태가 발달하고 문명의 발전이 빨라지면서 이 잠복기가 꽤 줄었다는 것을 체감할 수 있다. 초등학교에만 들어가더라도 아이들이 쉽게 야동을 접하며, 성에 대한 관심을 폭발적으로 보이기 때문이다. 이는 유튜브 등에 무분별하게 노출된 성인 콘텐츠의 영향으로도 볼 수 있다. 초등학생들이 엄마를 대상으로 몰래 카메라를 찍고 이를 유튜브에 업로드 하는 등의 돌발행동이 일어나고 있는 실정이다. 따라서 일반적인 잠복기로 간주되는 초등학생 때부터 적나라한 성교육을 할 필요가 있다.

우연히 독일 성교육 그림책이나 교과서를 보고 큰 충격을 받았다. 3세를 대상으로 하는 그림책인데 우리나라에서는 초등학생 정도가 접하는 생물학적 내용이었다. 난자와 정자가 결합하여 아이가 탄생하는 과정을 자세히 알려주고 있었다. 게다가 초등학생을 대상으로 하는 성교육용 교과서는 우리나라 중고교생 정도가 접할 만큼 적나라했다. 우리나라는 성에 대해 그렇게 오픈해서 가르치지 못하는 반면, 외국에서는 노골적으로 아주 정확한 지식을 어릴 때부터 전달하고 있었다.

실제로 독일에서는 성관계시 체위, 피임법 등의 실질적인 성교육 내용을 지도한다. 일본에서도 학년이 올라갈수록 구체적인 것들−성관계 과정이나 생식기의 명칭과 기능, 콘돔의 사용법−을 가르친다고 한다. 우리나라도 차츰 그렇게 정확한 방향으로 이루어져야 한다고 생각한다. 아이들은 성에 너무 관심이 많은데 어른들은 제대로 알려주지 않아 또래를 통해 잘못된 지식을 습득한다거나, 야동과 같은 매체를 통해서 어설프게 성을 배우는 경우가 많다.

야동을 강제로 금지할 순 없지만, 야동의 문제점은 인식시켜줄 필요는 있다. 야동의 문제점은 성관계를 하기까지의 과정을 무시하고 섹스라는 행위 자체에 초점을 맞추는 것이다. 성관계란 남녀가 서로 사랑을 해서 이루어져야 하는 애정 행위다. 그런데 야동은 성욕을 해소하는 도구 그 자체로 성관계를 인식하게 만들고 이는 성에 대한 부정적인 관념을 심어줄 수 있다. 야동보다는 멜로 영화가 성교육 교구로는 훨씬 더 바람직하다. 사랑이 절정으로 치달을 때 할 수 있는 성스러운 행위가 섹스임을 알려줘야 한다.

또한, 최근 사회적으로 크게 문제가 되었던 것이 바로 리벤지 포르노다. 리벤지 포르노란 헤어진 연인에 대한 보복으로 유포하는 성적인 사진이나 성관계 영상을 의미한다. 과거에도 이러한 리벤지 포르노로 인해 연예계 생활을 중단했던 연예인이 더러 있었다. 리벤지 포르노의 경우 파급력이 엄청나고, 남자보다는 여자에게 큰 타격이 있다. 그래서 리벤지 포르노 유포에 대한 처벌을 강화해 달라는 국민 청원이 등장했을 정도다.

사춘기 청소년들에게 리벤지 포르노가 범죄라는 것을 인식시켜주고, 성관계가 남녀 간의 은밀한 프라이버시임을 알려줘야 한다. 아이들의 애정 행각은 스스럼이 없다. 아무리 서로 간의 합의에서 이루어지는 것이라도 좋은 때와 장소를 가려서해야 한다는 것, 그리고 이성과의 스킨십 상황을 타인에게 공개하는 것이 바람직하지 않다는 것을 사전에 교육시켜야 한다.

아이들의 첫 경험 시기는 점점 빨라지고 있다. 아이들한테 성관계는 절대 안 된다고 하는 것보다는 왜 청소년기에 하지 않는 것이 좋은지에 대해서 논리적으로 설명해주는 것이 좋다. 청소년 여학생인 경우 아직 몸이 완성 단계가 아닌 데다가 생리주기 등이 불규칙하므로, 만약의 경우를 대비하여 항상 피임을 해야 한다고 강조해주어야 한다.

시대에 맞게 성교육도 진화할 때다. 예전에는 강간을 당하게 되면 피해자에게 격렬하게 저항하라고 가르쳤다. 하지만 강렬하게 저항했던 대다수의 사람들은 강간으로 끝나지 않고 심한 폭력이나 살인을 당했다. 사람의 목숨보다 중요한 것은 없다. 그래서 요즘에는 그런 상황이 왔을 때 저항하지 말고 그냥 당했다가 경찰서로 와서 빨리 범죄자의 타액을 채취한 후 범죄자를 검거하는 것이 좋다고 가르치기도 한다. 속상하지만 현실을 반영한 방법이다.

성 문제는 아이들의 건강과 삶에 직결되는 문제다. 자궁경부암 주사 등도 성경험이 없을 때 맞는 것이 효과적이므로 미리미리 산부인과 및 비뇨기과를 동행해주는 것이 좋다. 청소년들이 성에 대한 자기 결정권을 발휘할 수 있도록 자신과 타인을 소중히 생각하는 성교육이 절실한 때이다.

희윤 쌤의 💬 토닥토닥 한마디

최근 학교에서 에이즈 예방 교육을 한 적이 있었습니다. 강사님이 적나라하게 음경 모형 동영상도 보여주고, 콘돔을 어떻게 사용하고 언제 끼워야 할지를 정확하게 알려주시더군요. 보통 100명이 넘는 집합교육을 하면 떠들기 십상인데 아이들이 정말 집중해서 열심히 듣는 것을 보면서 아이들이 정확한 성지식을 전달 받기를 원한다는 사실을 알 수 있었답니다. 평소 수업 시간에 질문도 안 하던 아이들이 강의가 끝나기 무섭게 모기로도 에이즈가 감염되는지, 에이즈 검사는 어디에서 받을 수 있는지 묻기도 하더라고요.

사춘기 아이들에게 가장 중요한 성교육은, 성이란 더러운 것도 웃긴 것도 아닌 인간에게 가장 자연스러운 욕구이자 아름다운 행위라는 것을 심어주는 일이라고 생각합니다. 아이들이 음지에서 음란물을 통해 성교육을 받지 않아도 될 정도로, 체계적으로 성교육을 받는 문화가 자리 잡기를 희망합니다.

부모에게 인정받는 아이가
세상에서 인정받는다

　2017년은 나에게 힘들었지만 보람 있던 해였다. 언제 터질지
모르는 중2들의 담임을 맡았고, 동아리 발표회를 담당하여 10월
에는 업무폭탄을 맞기도 했다. 게다가 강박증도 있어서 그냥 넘
어가도 될 일을 꼼꼼히 진행하다가 담당 부장님께 혼나기도 했
다. 그렇지만 이런 유별난 성격 덕분에 동아리 발표회는 성공적
으로 치렀다.

　"올해 축제는 정말 재미있었어요."

　"장 선생 열정, 인정합니다."

　고단한 일정이었지만 이렇게 인정을 받으니 자존감이 금방

상승되었다. 어떤 일을 하든지 인정받는 사람인가 그렇지 못한 가는 사회생활을 하는 데 매우 중요한 영향력을 발휘하게 한다.

그렇다면 아이들은 어떨까? 아이들은 누구의 인정을 받는 것이 중요할까? 바로 교사와 부모님이다. 교사와 부모는 친구를 제외하고 아이들에게 가장 중요한 타인이다. 누군가에게 인정받는다는 것은 기본적으로 상대의 마음을 얻었다는 의미다. 부모나 교사에게 인정을 받았다는 그 자체만으로 아이들은 기쁨과 행복을 느낄 수 있다.

'칭찬'과 '인정'은 비슷한 것 같지만 차이가 있다. '칭찬'이 비단 잘한 행위에 대해서 긍정적인 피드백을 주는 것이라면, '인정'은 아이의 능력이나 태도·성향 등에 대해서 고유성을 존중해주는 말과 행위라 볼 수 있다. '칭찬'도 물론 중요하지만 아이들의 자존감 향상을 위해서는 반드시 부모의 '인정'이 필요하다.

《너는 나에게 상처를 줄 수 없다》의 저자 배르벨 바르데츠키는 '인정'이라는 감정에 주목한다. 그는 자기 가치를 인정받고 존중받고 싶은 욕구는 인간의 기본적인 욕구이며, 부모에게 인정받고 싶어 하는 마음 또한 자연스러운 것이라 말한다. 특히 아이 입장에서 사랑과 인정을 받고 싶은 대상은 일차적으로는 부모다.

그는 인정받지 못한 아이가 어른이 되었을 때 생기는 문제점을 지적한다. 아이는 아무리 최선을 다해도 부모라는 어른의 높은 기대를 채워줄 수 없다. 그래서 만약 그 부모가 아이를 인정해주지 않게 되면 자신은 실망만 시키는 존재라는 생각을 하게 된다. 이처럼 불안정한 자존감을 갖게 된 아이는 다른 사람의 인정을 받는 데 더 매달리게 된다.

부모에게 인정받아 자존감이 충만해진 사람은 굳이 다른 사람의 인정에 전적으로 매달리지 않는다. 부모에게서 이미 충분한 사랑과 인정을 받았기 때문이다. 그러나 그 욕구가 결핍될수록 사회적으로 성공하고 높은 지위를 얻고자 한다. 그렇게 되면 더 큰 인정을 받을 수 있다는 착각에 빠지기 때문이다. 부모에게 충분한 인정을 받게 되면, 아이의 자존감은 충분히 채워질 수 있다.

우리 부모님은 어릴 적부터 나의 성실함이나 노력을 인정해주시는 편이었다. 그러나 내가 이 세상에서 가장 인정받았다고 느꼈던 순간은 중학교 3학년 때 담임선생님으로부터였다. 우리 중학교에서는 매년 행동발달표창을 수여했다. 그때 나는 처음으로 '준법상'이라는 상을 받았다. 담임선생님은 교무실로 나를 불러 이렇게 말씀하셨다.

"많은 친구들이 준법상 수상자로 희윤이를 추천했어. 그래서 참 좋은 아이가 우리 반에 다녀간다는 생각이 들더구나. 우리 반에 있어줘서 정말 고맙다."

수십 년이 지난 지금까지도 선생님의 이 말씀이 내 가슴속에 살아 있다. 가끔 내가 가르치는 애들한테 이 이야기를 할 때가 있는데 그때마다 울컥거리곤 한다. 나는 그때 선생님의 말씀을 통해 '나'의 가치가 인정받았음을 느꼈다. '이 세상에 적어도 한 명은 나를 인정하는구나!'라는 생각이 들면서 앞으로도 정말 누구에게나 성실하고 지혜로운 사람으로 인정받는 삶을 살아야겠다고 결심했다. 그래서 내가 그때 받았던 인정을 아이들에게 해주려고 노력하고 있다.

아이들은 작은 인정에도 금세 달라진다. 인정을 받으면 자신의 존재감이 드러나기 때문이다. 아이들이 지닌 지금 그대로의 모습을 인정해주고, 그 작은 노력들을 알아주어야 한다.

성공한 사람들의 사례를 살펴보면 부모의 인정을 못 받고 사회적으로 성공한 사람들은 거의 없다. 아무도 그 사람을 인정하지 않았을 때 부모만큼은 벌써 그 자녀를 인정하고 든든한 후원자가 되어주기 때문이다.

어떻게 피겨스케이팅 불모지였던 대한민국에서 피겨여왕 김연아가 나올 수 있었겠는가. 김연아 선수의 어머니가 먼저 김연아 선수의 능력을 인정했기 때문이다. 피겨스케이팅 선수로서 재능과 자질을 지니고 있음을, 그리고 아이의 재능에 투자하면 분명 잘해낼 수 있다는 것을 알았기에 헌신을 아끼지 않았던 것이다.

인정은 잘하는 것에 대한 능력을 알아주는 것, 그리고 네가 남과 다른 점이 있다는 것을 수용해주는 태도를 결합한 개념이다. 알아차림과 받아들임이 인정의 핵심이다. 그래서 인정은 칭찬보다는 좀 더 진화된 교육 방법이다. 자녀가 지닌 개성과 능력을 인정하면 우리의 자녀는 멋진 춤사위를 만들어나갈 것이다.

희윤 쌤의 💬 토닥토닥 한마디

인본주의 심리학자 매슬로우는 인간의 욕구를 5단계로 설명했습니다. 1단계는 인간의 기본적인 욕구인 생리적 욕구(physiological needs), 2단계는 안전의 욕구(safety needs), 3단계는 사랑과 소속 욕구(love&belonging), 4단계는 존경 욕구(esteem)와 마지막 5단계는 자아실현 욕구(self-actualization)라 합니다.

우리는 4단계인 존경 욕구를 주목해야 합니다. 4단계인 존경 욕구는 사람들에게 인정받고 싶어 하는 욕구를 말합니다. 기본적으로 먹고 살 만한 단계가 되면 사랑을 추구하고, 타인에게 존재감을 추구하고 싶은 것이 인간의 본성입니다. 따라서 더 높은 단계인 자아실현에 도달하려면 타인에게 존중받고 인정받는 욕구가 충족되어야 합니다.

부모에게 인정받는 자녀는 어디서든 인정받는 사람으로 성장합니다. 이미 인정의 욕구가 어느 정도 만족된 상황이니 자아실현을 추구하게 되기 때문이지요. 자녀를 큰 사람으로 키우고 싶다면 반드시 자녀를 인정해주는 습관이 필요합니다. "네가 잘할 것이라고 생각했다." "역시 잘했다." "그동안 수고했다."며 자녀의 등을 토닥거려주세요. 그러면 당신의 자녀는 가슴 깊은 곳에서 인정의 욕구가 충족되는 것을 느낄 수 있답니다.

우리 아이 자존감을 높이는
존중의 기술

    사람과 사람 사이에서 꼭 필요한 것은 상대를 존중하는 것이다. 존중을 받을 때 사람들이 느끼는 감정은 감동이라고 생각한다. 사춘기 아이들도 마찬가지이다. 부모나 교사에게 자신이 존중을 받는 존재라고 느끼면 큰 감동을 받는다. 하지만 자기가 무시당한다고 생각하면 철저히 반항아의 모습을 보인다.

    존중받는 부모가 되고 싶다면 아이를 먼저 존중해야 한다. 부모의 입장에서 왜 저런 옷을 입나 이해되지 않더라도 아이의 취향을 존중해야 한다. 뿐만 아니라 다른 아이와 어떠한 비교도 하지 말고 있는 그대로의 모습으로 수용해줘야 한다. 내가 이렇게 자신 있게 말할 수 있는 이유는 아이들을 존중하지 않아서 실수했던 경험이 있기 때문이다.

몇 년 전, 횡성인재육성관에서 아이들을 가르칠 때 있었던 일이다. 그곳에는 전교 1등을 하는 형제가 다니고 있었다. 형은 중3, 동생은 중1이었다. 나는 형에게는 동생이 참 잘한다고 칭찬을 하고, 동생에게는 형이 참 잘한다고 칭찬을 했다. 두 학생 모두 전교 1등을 하는 우수한 아이들이니 마음 놓고 서로를 칭찬했다.

학부모 간담회가 열렸을 때 찾아온 아이들의 어머니를 통해서야 비로소 내 잘못이 무엇인지 깨닫게 되었다. 어머니는 서로 민감하니 형제에 대해서 칭찬하거나 비교하지 말아달라고 부탁하셨다.

나는 뜨끔하면서도 억울했다. 형제가 잘한다고 칭찬한 것인데 그게 왜 기분이 나쁠까. 하지만 다시 생각해보니 내 생각이 틀렸음을 깨달았다. 내가 아이들을 비교해서 나무란 것은 아니지만, 아이들의 입장에서는 분명 네가 더 못한다고 책망당하는 소리로 들렸을 것이다.

이러한 경험을 통해 좋은 의도로 말한 것이라고 하더라도 아이들의 자아 존중감을 손상시킨다면 잘못된 행위라는 것을 알게 되었다. 이런 시행착오를 겪고 난 후, 나는 아이들의 의견을 존중하는 교사가 될 수 있었다.

지상이의 경우도 그랬다. 학교 건물 출입문 앞에는 흙을 털 수 있는 발판이 하나씩 놓여 있는데, 쓰레기장과 이어지는 뒤쪽 출입문에는 발판이 구비되지 않았다. 그런데 지상이가 쓰레기장과 이어지는 뒤쪽 출입문 쪽에도 발판이 하나 있었으면 좋겠다고 제안했다.

나는 지상이가 말하기 전까지 그런 생각을 하지 못했었는데 듣고 보니 그 의견이 일리가 있다고 생각했다. 그래서 교무부장님께 적극적으로 말씀드렸고, 일주일 후 출입문 쪽에 발판이 생겼다. 발판을 본 지상이는 깜짝 놀라며 물었다.

"제가 건의해서 발판이 생긴 거예요?"

"그럼, 물론이지!"

그 순간 지상이의 표정이 환하게 빛나는 것을 느꼈다. 늘 바쁘고 정신없는 선생님이 자신의 목소리에 귀를 기울이고 문제를 해결할 수 있도록 힘썼다는 사실이 존중감을 느끼게 했기 때문이다. 이러한 경험을 통해 지상이는 문제가 있을 때 적극적으로 해결할 수 있는 사람이 되겠다는 확신이 생겼다.

사춘기 자녀들을 존중하는 방법으로 다음 세 가지를 추천하고 싶다. 첫째, 아이들의 인격을 존중하자. 지금은 정치인으로 활동하고 있는 안철수 씨의 어머니 일화는 매우 유명하다. 그의 어머니는 아들에게 존댓말을 하면서까지 아들을 인격적으로 대우하고 존중해주려고 노력했다. 어머니의 그러한 노력이 아들을 의사, 사업가, 정치인으로 성장시켰을 것이다.

나의 부모님도 큰딸인 나를 매우 존중해주셨다. 그래서 항상 집안의 대소사를 함께 의논하셨고, 나를 열 명의 아들하고도 바꾸지 않겠다고 말씀하셨다. 어머니의 그 말씀이 나에게는 세상을 살아갈 큰 자신감이 되었다. 지금 사회생활을 하면서도 내가 남자들에게 열등감을 느끼지 않고, 여성으로 나를 사랑하며 일할 수 있는 힘은 바로 어머니로부터 받은 존중감 덕분이다.

둘째, 아이들의 흥미와 재능을 존중하자. 조금 윗세대 어른들은 아이들이 공부 외에 것들을 하면 그렇게 야단을 치셨다. 기타를 치거나 노래를 하면 그걸로 돈이 나오냐, 쌀이 나오냐며 심하게 구박했다. 그런데 시대가 바뀌었다. 이제는 그런 것들을 계속하면 돈도 나오고 쌀도 나온다. 그러니 아이가 즐거움을 가지고 계속 몰입해서 할 수 있는 일이 있다면 그 일을 존중해줘야 한다. 그 흥미가 훗날 아이들의 인생을 바꿔 놓을 수도 있다.

유튜브에 데일리 쿡 채널을 운영하는 이승미 씨도 그런 사람 중 한 명이다. 그는 한식부터 베이킹까지 다양한 요리 영상을 제작하고 업로드한다. 그녀는 요리를 전문적으로 배워 본 적은 없다고 한다. 단지 초등학교 때부터 요리 프로그램을 시청하며 마음에 드는 레시피를 스크랩하며 자신만의 요리 실력을 습득하기 시작했고, 그것을 유튜브 영상으로 발전시켰을 뿐이었다. 그녀는 요리 학원에 등록해서 유명한 셰프가 된 것이 아니라 혼자 연구하고 배워서 전문가가 되었다. 이처럼 아이들의 흥미와 재능은 진로 선택에 큰 디딤돌이 된다.

셋째, 아이들의 의견을 존중하자. 전두엽이 완성되지 않아 미성숙한 인격체라 할지라도 사춘기 아이들이 본질을 더 예리하게 파악할 때도 있다.

내가 평가 문제집을 보상으로 걸고 골든벨을 진행한다고 했을 때 우리 반 주희가 나에게 일침했다.

"선생님, 골든벨 우승자가 평가 문제집이 필요할까요?"

나는 그 말을 듣고 생각을 바꿨다. 오히려 다 틀린 사람들에게 평가 문제집이 필요하다는 논리가 더 타당하다고 인정했던 것이다. 그래서 퀴즈에서 가장 많이 틀린 사람을 최종 우승자로 정하고 그에게 평가 문제집을 상품으로 주는 '거꾸로 골든벨'이라는 수업을 개발하게 되었다.

성공한 사람들은 모두 부모에게 존중을 받으며 성장한다. 부모에게 존중을 받으며 자란 아이들은 자연스럽게 자존감을 지닌 어른으로 성장한다. 자존감이 형성된 아이들은 그 어떤 일이라도 잘해낼 수 있는 힘을 지니게 된다. 자존감은 자녀에게 줄 수 있는 최고의 선물이다.

희윤 쌤의 💬
토닥토닥 한마디

학교 축제를 준비하던 어느 날 새로 입학한 1학년 학부모님의 전화를 받은 적이 있습니다. 그 학부모님께서는 아이가 학교에 대한 만족감이 크다며 다른 학교 아이에게 자신 있게 학교 자랑을 했다고 합니다.

"우리 학교 선생님들은 아이들을 존중해주시거든!"

존중감은 교육의 만족도와 밀접하게 관련되어 있습니다. 사춘기 아이들이 어른으로 성장하며 '돼'보다는 '안 돼'를 더 많이 경험하게 됩니다. 그러니 되도록 허용해줄 수 있는 것들에 대해서는 아이들의 의견을 수렴해주세요. 그래야 아이들이 뭔가를 도전해볼 의욕이 생깁니다. 그리고 안 되는 것은 왜 안 되는지에 대해 명확하게 설명해주세요. 그러면 아이들은 어른들이 자신을 무시하지 않고 존중한다는 것을 느낄 수 있습니다.

나는 감시자인가,
안내자인가

몇 년 전 우리 사회를 충격에 빠뜨린 사건이 있다. 전교 1등을 하던 고등학생이 엄마를 부엌칼로 찔러 살해한 사건이다. 아이는 어머니의 사체를 치우지도 못한 채 8개월간 시체와 동거하였고 결국 발각되었다. 이 끔찍한 비극을 듣고 가장 가슴이 아팠던 것은 아이가 죽어가는 엄마와 마지막으로 나눴다는 대화 내용을 읽고서였다. 피투성이가 되어 죽어가던 엄마는 눈물이 고인 채 간신히 말을 했다고 한다.

"이렇게 하면 넌 정상적으로 살아갈 수 없을 거야. 그런데 왜 이러는 거야?"

"이대로 가면 엄마가 나를 죽일 것 같아서 그래. 엄마는 너무 모르는 게 많아. 엄마, 미안해."

실화가 아니었다면 얼마나 좋았을까 싶을 정도로 소름 끼치며 슬픈 이야기다. 사실 그 아이는 심각한 아동학대를 받고 있었다. 어머니는 어려서 남편과 이혼하고 아들에게 심한 집착을 했고, 이는 학대로 이어졌다. 공부를 하라는 이유로 아이를 3일간 잠도 못 자게 하고 밥도 못 먹게 괴롭혔다. 아이가 공부하다 조는 것 같으면 골프채로 200대를 때리기도 했다. 아이의 몸 곳곳에는 언제나 피멍이 들어 있었고, 추후 조사했을 때 아이의 엉덩이 일부가 함몰되어 있었다.

이러한 아동 학대가 지속되자 아이는 '감시자'를 죽이지 않으면 자신에게 죽음이 다다르겠다는 극단적인 망상을 하게 되었다. 결국 존속살인이라는 최악의 상황이 벌어지게 된 것이다.

위 사례는 정말 극단적이긴 하지만, 사춘기 자녀에게 '감시자' 역할을 하는 부모가 얼마나 좋지 않은가를 알 수 있는 예이기도 하다. 부모를 '감시자'로 느낄 때 아이들은 부모에 대한 적개심을 느낀다. 부모를 '구속', '억압', '강요'를 하는 부정적인 존재로 인식하고, 회피하거나 관계를 단절하고 싶어 한다. 이러한 관계가 성립하게 되면 부모와 자녀 간의 행복한 '동맹' 관계는 깨지게 되고 '적대' 관계로 고착된다.

하지만 이러한 문제상황에도 불구하고 현대의 많은 부모들은 '감시자'가 되기를 자청한다. 감시야말로 아이들을 돌보는 중요한 행위라고 생각하기 때문이다. 하지만 이러한 감시는 아이들을 관리하는 데 생각보다 별로 효과가 없다.

하루는 퇴근을 하다가 한 통의 전화를 받았다. 아이가 학원에 안 갔는데 연락이 안 된다는 학부모님의 전화였다. 학교에서 늦게 끝난 것이 아닌지 확인하셨지만 그날은 청소 당번도 아니어서 일찍 하교한 뒤였다. 나도 걱정이 되어 여기저기 수소문 해보았지만 아이가 학원을 빠지고 어디에 간 것인지 끝내 알 수 없었다.

다음 날 나는 그 아이가 친구와 함께 피시방에 놀러가느라 잠적을 했었다는 사실을 알게 되었다. 큰일이 생긴 게 아니어서 다행이라는 생각이 드는 한편 휴대폰을 끄면서까지 자유를 찾아 떠난 녀석이 가엾게 느껴지기도 했다. 그래서 나는 아이에게 학원을 빠지고 놀 수는 있지만 휴대폰을 끄고 사라지면 부모님이 걱정하시니 차라리 혼날 때 혼나더라도 "엄마, 저는 오늘 학원에 안 가고 놀다 갑니다. 걱정하지 마세요. 놀고 들어가서 혼날게요."라고 메시지라도 보내라고 충고했다.

현대 사회에는 스마트폰이라는 혁명적인 도구가 있어서 자녀들을 감시하는 게 매우 쉬운 구조가 되었다. 특히 SNS를 통해 아이들의 은밀한 사생활 또한 파악할 수 있으니 엄마들에게 '스마트폰'은 공동 육아의 도구처럼 느껴지기도 한다. 시험 때 열심히 공부를 하고 있는 것은 맞는지, 누구를 만나고 다니는지, 스마트폰과 SNS는 마치 CCTV가 된 것처럼 아이들을 시시각각 확인시켜준다.

아이들에게도 혼자만의 시간과 공간이 필요하다. 늘 투명하게 보이는 삶에 노출되면 누구나 스트레스를 받게 된다. 연예인들이 스트레스 지수가 높고, 우울증에 쉽게 빠지는 것도 이러한 까닭에서 비롯된다.

일거수일투족이 노출되면 모든 행동에서 타인을 의식하게 되고 삶의 주도성을 빼앗기게 된다. 청소년기는 자아정체성을 확립하는 시기이므로 끊임없이 '나'에 몰두해야 한다. 내가 좋아하는 것, 내가 하고 싶은 것, 내가 잘하는 것 등 '나'를 찾아 떠나는 여행이 가능해야 한다.

부모들이 철저하게 아이의 삶을 '통제'하려고 한다면 아이들은 '나'를 빼앗기는 느낌에 사로잡히게 된다. 그러면서 자연스럽게 자신을 통제하는 부모에 대해 부정적인 감정을 품게 된다. 자녀가 점점 더 반항이 심해지고 부모의 말이라면 무조건 '거부'하려는 태도를 보인다면 부모가 이미 '감시자'로 자리 잡았을 가능성이 높다.

성적을 강요하며 자녀에게 지시와 통제를 강요한 부모들은 나중에 뒤통수를 맞을 수도 있다. 잘 다니던 학교를 그만두고 자퇴를 한다거나, 갑자기 가출을 한다거나, 고등학생이 되어 뒤늦은 방황을 하는 것이 그 예이다. 따라서 부모는 아이들을 감시하고 통제하는 사람이 아니라 '안내자'가 되어야 한다. 그렇다면 무엇을 안내하는 게 좋을까?

첫째, 꿈을 꾸도록 안내해주어야 한다. 대한민국의 많은 부모들은 돈을 잘 버는 직업을 알려주고 사회에서 인정받는 대학을 알려준다. 그런데 과연 그게 아이의 행복에 의미 있는 일일까? 의대생에서 뉴욕 한식당의 오너셰프로 변신한 김 훈 씨의 사례를 보면 사람은 사회에서 알아주는 직업이 아니라 자신이 좋아하는 일을 해야 행복하다는 것을 알 수 있다. 자녀들에게 네가 행복할 수 있는 꿈을 꾸고 그 길을 선택하라고 안내해주자.

둘째, 잘 사는 법을 안내해야 한다. 이때 말하는 잘 사는 법은 타인에게 피해주지 않고 베풀며 선한 영향력을 발휘할 수 있는 삶을 의미한다. 자녀들에게 경제적 성공만 강조하고 선한 영향력에 대해 강조하지 않으면, 그들이 사회적인 성공을 하더라도 자기만 아는 이기적인 '괴물'이 된다. 국정 농단의 주역이 되었던 참모들이 대표적인 유형들이라 볼 수 있다.

부모는 당신의 자녀를 공부해서 남 주는 사람이 될 수 있도록 타인을 배려하고 함께하는 삶으로 안내해야 한다. 부모가 감시자의 눈이 아닌 안내자의 눈으로 자녀들을 바라볼 때 아이는 꿈을 꾸며 타인을 배려하는 성숙한 어른으로 성장할 수 있다.

희윤 쌤의 💬
토닥토닥 한마디

사춘기 자녀들의 SNS를 보고 아이들을 감시하는 부모들이 많아지는 추세입니다. 과거에는 SNS를 사용하는 세대가 10대, 20대에 한정되었다면 최근에는 그 연령층이 확대되었기 때문이겠지요. 만약 자녀와 SNS로 연결되어 있다면 자녀들을 살펴보는 정도로만 만족하세요.

이를 토대로 아이들을 통제하거나 간섭한다면 아이들은 다른 계정으로 은밀하게 자신만의 SNS를 즐길지도 모릅니다. 아이에게 큰 문제상황이 닥친 게 아니면 알아도 모르는 척하는 센스가 필요합니다.

지적과 격려의
밸런스 맞추기

지금은 교사가 되어 아이들을 가르치고 있지만, 한때 나는 교사라는 직업을 혐오했다. 왜냐하면 선생님에게 상처를 입은 경험이 있었기 때문이다. 특히 고3 때의 담임선생님은 나에게 많은 상처를 주었다.

막 고3이 되었을 무렵, 학급 임원 선거에 출마하게 되었다. 학급 임원 선거 날 나름 열심히 준비해서 연설문을 작성하고 각오를 발표했다. 그런데 담임선생님은 내 연설을 듣고 이렇게 말씀하셨다.

"다 좋은데, 너무 재미없는 얘기를 5분 이상 하면 죄악 아니니?"

선생님의 지적대로 분명 내 연설문은 지루했을 것이다. 그러나 아이들이 다 보는 공개석상에서 정성을 담은 연설문을 죄악이라고 평가받게 되자, 나는 큰 모멸감을 느꼈다. 이러한 경험을 통해서 나는 지적이 항상 옳은 것만이 아님을 깨달았다. 지적을 통해 상대를 아프게 하는 것보다는 격려하여 보듬는 것이 훨씬 더 교육적인 의미를 지닌다는 것을 경험을 통해 알게 되었다.

사람들은 누구나 자신에게 호의적인 사람을 좋아한다. 특히 사춘기 자녀들은 부모의 격려를 호의로 받아들이는 반면 지적은 자신에 대한 비난으로 인식한다. 시험을 보고 난 후 많은 아이들이 전날 본 시험 결과 때문에 위축되어 있다. 전날 부모님께 혼난 상황이라면 아이들의 표정은 더욱 어둡다.

"넌 왜 그거 밖에 못하니?"

"네가 노력을 덜 했으니까 못 봤겠지."

부모님은 아이들의 자존감을 떨어뜨리는 독한 말로 아이들에게 따끔하게 지적하곤 한다. 문제행동에 대해서는 이상하리만큼 아이 편을 드는 부모라 할지라도 공부에 있어서는 대체로 냉정한 자세를 취한다. 마치 자식을 공부시키려면 채찍은 필수적이라는 공통의 생각이 탑재된 것처럼 말이다. 사춘기 아이들은 세상의 모든 사람들이 나를 욕한다 하더라도 부모만큼은 내 편이기를 원하지만 부모는 스스로 냉정한 지적자이기를 자처한다.

그러나 사춘기 아이들은 생각보다 똑똑하다. "선생님, 시험 망쳤어요."라고 말하는 아이들에게 왜 시험을 못 봤는지 물어보면 생각보다 대답을 아주 잘한다.

"사실요. 제가 이번에는 공부를 좀 덜 했어요."

"제가요. 문제에 조건이 있었는데요. 조건을 안 봤어요."

"좀 헷갈리는 게 많았는데 그냥 찍었어요."

시험을 망쳤다는 것 자체만으로도 아이들에게는 엄청난 실패고 좌절이다. 때문에 부모가 다시 한 번 그 아픈 상처를 지적해주는 것보다는 시험에서 문제상황이 있었다면 무엇이었는지 성찰해보게 하고, 스스로 감정을 다스릴 수 있도록 유도하는 질문을 하는 것이 좋다. 그리고 마지막에는, 다음에는 더 잘할 수 있다며 다독여주고 격려해주는 것이 필요하다.

사춘기 아이들은 발달 단계로 따지면 '형식적 조작기'에 해당한다. 교육학자인 피아제는 아동의 발달 단계를 크게 네 가지로 구분했다. 감각 운동기, 전조작기, 구체적 조작기, 형식적 조작기. 이 중 사춘기 아이들에게 해당되는 것은 맨 마지막 단계인 형식적 조작기다. 이 시기에는 추상적 사고와 반성적 사고가 가능해진다. 아이들은 충분히 자신의 잘못에 대해 성찰할 수 있고 자신의 사고를 문장으로 명료하게 표현할 수 있다. 그러니 아이들에게 자신의 문제를 성찰할 기회를 충분히 주자. 그리고 다시 일어날 수 있도록 격려해주면 어떨까?

격려는 칭찬보다는 좀 더 큰 포옹이다. 칭찬이 주로 잘한 행위에 집중되어 있는 반면, 격려는 잘하지 못했을 때도 할 수 있다. 실수를 했다면 좀 더 꼼꼼하게 한다면 더 잘할 수 있다고 말해주는 것이 격려다. 아이들이 스스로 실패를 딛고 이겨낼 수 있도록 따뜻한 말과 행동으로 힘을 실어줘야 한다. 아이를 향한 지적보다는 훈훈한 격려가 아이의 정신적 보호막이 되어, 아이들을 패배감에서 구해줄 수 있다.

만약 반드시 아이들의 실수를 지적해야 하는 일이 발생할 때는 지적과 격려를 함께해줌으로써 아이들의 마음의 상처를 최소화해야 한다. 그래야 아이들이 좌절하지 않고 다음 기회를 준비하고 노력할 수 있다.

하지만 사춘기 아이를 키우면서 지적하지 않고 격려만 할 수는 없다. 명확한 잘못들은 지적하되, 다음이라는 기회를 제시해주는 것이 좋다. 그리고 잘못을 두 번 지적했다면 여덟 번 격려하는 식으로 비율을 조정한다면 지적과 격려의 효과를 동시에 높일 수 있다.

희윤 쌤의 💬
토닥토닥 한마디

누군가에게 지적 받으면 어떤 기분이 드세요? 실제로 직장에서 상사에게 지적을 받게 되면 위축되고 일에 대한 의욕이나 동기가 떨어지는 기분을 느낄 겁니다. 전업주부 같은 경우 시어머니에게 살림을 못한다고 지적받으면 어떨까요? 자신이 무능하다고 생각되고 자신의 일이나 처지에 대해 부정적으로 생각하게 될 가능성이 높습니다.

따라서 누군가에게 잘못을 지적하는 행위는 신중하게 이루어져야 합니다. 특히 잘못이 큰 경우에는 더욱 그러해야 합니다. 이미 잘못한 당사자가 자신을 향해 화살을 쏘고 있을 테니까요. 이럴 경우 지적은 짧게, 격려는 길게 하는 것이 좋습니다. 사춘기 아이들에게 지적을 하면서도 격려를 아끼지 않으면 자존감 손상을 방지할 수 있습니다.

아이는 선배 같은 부모를
원한다

한 어머니가 상담을 오셔서 아이가 자꾸 언니가 있었으면 좋겠다고 해서 난감하다고 하소연했다. 또래보다 조금 성숙했던 그 아이는 동급생보다 언니를 더 좋아하는 것 같았다. 왜 이 아이는 언니를 원할까? 사춘기 아이들은 자신보다는 우위에 있지만 시간적으로 멀지 않은 사람을 좋아한다. 이런 이유 때문에 젊은 교사를 좋아하는 경향도 있는 것 같다.

중학생 정도가 되면 아이들은 선배를 매우 어려워한다. 그러면서도 선배들을 동경하기도 하고 선배와 친해지고 싶어 하기도 한다. 나는 처음 교직에 온 순간부터 아이들에게 선배 같은 교사가 되고 싶었다. 아이들에게 강력한 영향력이 있으면서도 호감을 가지고 있는 대상이 '선배'라는 존재라고 생각했기 때문이다. 아이들이 믿고 따르는 '선배' 같은 존재가 되기 위해서 영향력 있는 선배의 특징에 대해 관찰해보았다.

아이들에게 영향력 있는 선배의 특징 첫 번째는 강요하지 않는다는 것이다. 강요하지 않는다는 것은 아이들로 하여금 더욱 강력한 호기심과 유혹을 느끼게 한다. 예를 들어 나쁜 짓을 배울 때 선배가 억지로 시켜서 하게 되면 그것을 하면서도 부정적인 감정이 생겨서 그 행위를 지속하기가 어렵다. 하지만 선배가 강요하지 않으면서도 내뱉는 그 말이 달콤하다면 의외로 쉽게 넘어간다.

"너도 한번 해볼래?"

이런 식의 제안은 생각보다 강력한 유혹으로 다가온다. 우리 어머니의 경우도 그랬다. 어머니는 중학교 선배가 '상고'를 권하는 바람에 뜻하지 않게 상고에 진학하게 되었다고 한다. "우리 학교에 오면 취업도 바로 할 수 있고 원하면 대학도 갈 수 있어. 너도 한번 와볼래?"라는 선배의 말에 생각하지도 않았던 실업계로 진로를 결정하신 것이다. 그러나 막상 상고로 진학하고 보니 인문계와 달리 교과목이 입시와 동떨어져 대학에 진학하기 어렵다는 것을 알게 되어서 땅을 치고 후회하셨단다. 귓가를 간지럽게 만드는 봄바람 같은 선배의 입김은 사춘기 아이들의 마음을 슬며시 사로잡는 효과가 있다. 이는 부모님의 '지시'보다 훨씬 힘이 세다.

둘째, 온몸과 행동으로 멋짐을 뿜어내며 '선배 아우라'를 장착해야 한다. 운동하는 선배가 멋있어 보여서 운동부에 들어갔다가 운동선수가 직업이 된 사람들의 이야기를 종종 듣는다. 멋진 선배는 그 자체로 동기 부여를 시키는 힘이 있다. 선배란 자신과 크게 차이가 나지 않으면서도 앞서간 사람이므로, 후배들에게는 좋은 롤 모델이 될 수 있다.

'나도 저 선배처럼 되고 싶다!'라는 희망이 선배를 따라 하고 싶은 욕망으로 이어진다. 교사나 부모 역시 아이들의 마음을 사로잡으려면 그들이 멋있다고 느낄 수 있는 부분을 보여주며 아이들의 시선을 사로잡고, 아이들이 저절로 따를 수 있는 경이로운 능력을 보여주어야 한다. 그러기 위해서는 부모 역시 삶을 도전적으로 살아야 한다. 새로운 일, 취미, 학업 등 다양한 분야에서 도전하는 모습을 보여주는 것이 좋다. 아이들은 부모가 도전해서 얻는 그 결과보다는 부모가 삶을 도전한다는 그 자체에 반하게 될 것이다.

셋째, 선배는 '해결사'보다는 '상담사'에 가깝다. 많은 부모들은 아이들의 문제를 직접 해결해주기 위해 노력한다. 그러나

'선배'는 다르다. 아이들의 눈이나 입을 통해 그 문제상황을 이해하되, 눈높이에 맞는 적절한 해결책을 함께 고민해준다.

비록 그가 자신의 문제를 해결해줄 능력이 없다고 하더라도 자신과 함께 끙끙 앓아주기도 하고 좋은 말로 토닥여주기 때문에 좋은 선배는 아이들에게 큰 위로가 된다. 부모들도 아이들의 문제를 해결해주려고 애쓰기보다는 고민을 함께 들어주고 눈높이에서 이해하도록 노력해야 한다.

요즈음에는 부모의 역할이 전보다 매우 다양해졌다. 과거처럼 아이들을 많이 낳는 시대가 아니라 한두 명의 아이를 낳아 잘 길러내야 하는 시대이기 때문에 부모가 아이들을 훈육하고 통제하는 데만 머무르지 않는다. 때로는 친구처럼, 연인처럼, 선생님처럼, 멘토처럼 아이들의 삶에 필요한 역할을 수행하며 아이들이 복잡한 현대사회에서 잘 살아남을 수 있도록 정서적으로 도움을 주어야 한다. 나는 이 모든 사람이 합쳐진 인물이 '선배'라고 생각한다.

부모가 인생 후배로 아이를 대한다는 마음은 권위가 아닌 인격적인 만남으로 접근하겠다는 큰 그림이라 볼 수 있다. 아이들은 이러한 부모에게서 쉽게 감화되는 성향을 보인다. 교사나 부모가 사춘기 아이들에게 선배 같은 존재로 인식될 때, 그들에게 긍정적인 영향력을 발휘할 수 있다.

부모는 아이들의 인생 선배이다. 인생을 열심히 사는 모습은 아이들이 살아갈 방향을 알려주는 나침반이 된다. 부모가 일하는 분야는 아이들이 전혀 경험해보지 못한 신세계다. 아이들은 자신들이 알지 못하는 것이나 겪어보지 못한 것을 경험한 사람들을 경이롭게 느낀다. 때문에 사춘기 자녀들에게 부모의 직업 세계를 알려주고 이를 체험해보게 하는 것은 나름의 교육적 의의가 있다. 부모가 자신의 영역에서 최선을 다하며 성과를 인정받는 모습을 보여주면 아이는 좋은 롤 모델을 만나는 경험을 하게 된다.

부모 노릇도 쉽지 않지만 선배 노릇은 더더욱 어렵다. 권위를 탈피하고 후배를 사랑하는 마음으로 아이들을 대하면서도 자신의 인생을 적극적으로 개척한다면, 분명 멋진 부모이자 인생 선배로 사춘기 자녀들에게 대우 받을 것이다.

**희윤 쌤의 💬
토닥토닥 한마디**

아이들은 본격적으로 인생이라는 항로를 설계해보지 못했기에 인생에 대해 두려운 마음이 큽니다. 이때 부모가 인생 선배로서 롤 모델이 되어 앞을 이끌어주면 어떨까요? 부모에게 존경심이 드는 것은 물론 자신의 인생에 대한 방향 설정도 수월하게 할 수 있을 겁니다.

아들에게는 아버지가, 딸에게는 어머니가 큰 영향력을 미칩니다. 일하는 어머니를 둔 딸이 나중에 일하는 여성이 된다는 연구 결과는 부모가 자녀에게 미치는 영향력을 설명하기에 적합하지요. 가까이 하기에 너무 먼 당신보다는 선배 같은 존재가 되어 자녀의 삶에 긍정적인 영향력을 끼치는 것이 어떨까요?

엄마가 네 편이 되어줄게

얼마 전, 무척 흥미롭게 본 드라마가 있었다. 〈슬기로운 감 빵생활〉이라는 드라마였다. 이 드라마의 인기 캐릭터는 서울대 약대 출신의 '해롱이'다. 해롱이는 어린 시절 집이 무척 가난했 다. 그의 모친은 늘 돈을 버느라 바빴고, 그는 꼬질꼬질 더러운 탓에 왕따를 당했었다. 해롱이의 어머니는 돈밖에 모르는 지독 한 분이었다. 외아들인 해롱이가 일본 유학 갔다가 2년 만에 돌 아왔을 때도, 외할머니가 돌아가셨을 때도 가게 문을 닫지 않고 장사를 했다. 덕분에 집안 형편은 날로 좋아졌지만, 해롱이의 애정결핍은 점점 더 심해졌다. 일본 유학생활, 동성 연인과의 이별로 외로워진 해롱이는 결국 마약에 손을 대게 된다.

그런데 여기에 한 가지 반전이 있다. 해롱이의 생각과 달리 해롱이의 어머니는 사실 눈물과 정이 많고 누구보다 자식을 사랑했던 분이었다. 하지만 자식에게 살갑게 사랑을 표현할 줄 모르는 서툰 어머니였다. 그래서 해롱이가 마약을 하게 되었다는 것을 알게 되었을 때 눈물을 머금고 당신 손으로 자식을 신고한다.

사춘기 시절 방황하는 해롱이를 어머니가 따뜻하게 안아줬다면 어땠을까. 해롱이는 언제나 자신이 혼자라고 생각했다. 하지만 그에게는 분명 자신을 무척 사랑하는 부모님이 있었다. 흔히들 말하지 않아도 알 거라고 생각하지만 사랑을 표현하지 않을 때 그 사랑은 전달되지 못하는 경우가 많다.

맞벌이를 하지 않으면 자녀 키우기가 쉽지 않은 시대에 살고 있다. 그래서 부모들은 사춘기 자녀들과 대화를 나누고 싶어도 시간을 내는 게 쉽지 않다. 반복되는 일상을 살다 보면 아이들의 마음속을 들여다볼 엄두를 내지 못하는 게 현실이다.

내가 사춘기 부모들을 위한 책을 집필한다고 했을 때 은사님인 최영란 선생님께서 미처 생각하지 못했던 조언을 해주셨다.

"희윤아, 교사들을 만나면 애들이 잘못되고 있는 건 부모들 때문이라고 하더라. 그리고 나서 부모들을 만나면 그들은 교사들 때문이라고 해. 어느 한쪽이 부족해서가 아니라 근본적인 문제는 우리나라의 노동 구조가 아닐까? 부모가 아이들을 여유롭게 교육시킬 수 있는 경제적·시간적 여유를 갖지 못하는 게 결국 아이들이 잘못되고 있는 원인인 거야. 이 점을 꼭 기억하렴."

이 말씀을 듣고 비로소 우리나라 학부모님의 현실적인 문제와 고충에 대해서 생각해보게 되었다. 돈 버는 것만으로도 버거운 사회 속에서 어디로 튈지 모르는 럭비공 같은 사춘기 자녀들을 잘 길러낸다는 것은 정말 어려운 일이다.

그렇다 하더라도 교사로서 꼭 부탁드리고 싶은 것은 아이의 마음을 살피는 것을 절대로 게을리 하지 말아달라는 것이다. 아이의 마음은 늘 뒷전으로 던져둔 채, 돈 버는 데만 급급하다가 나중에 아이가 잘못된 후에 지도하려고 하면 이미 문제를 해결할 수 없는 지경에 다다르기 때문이다. 아이는 언제 엄마가 나한테 관심이나 있었냐며 왜 이제 와서 그러냐는 말로 부모의 가슴에 비수를 꽂을 수도 있다.

10년 전 교통사고로 아버지가 세상을 떠나고 엄마가 재혼하면서 점점 비뚤어지기 시작한 중학생 아들. 그런 아들이 제자리를 찾길 바라는 마음에 비행 청소년인 아들을 법정에 세운 어느 어머니가 있었다.

부산 가정법원 소년 재판장에 사기 미수 혐의로 앳된 얼굴의 중학생 A군이 들어왔다. 그 뒤로 어린 3살 딸을 품에 안은 A군의 어머니 B씨가 자리했다. 어머니 B씨는 법원에 '소년 보호 재판 통고제'를 신청하였다. '소년 보호 재판 통고제'란 비행 학생을 곧바로 법원에 알려 경찰이나 검찰 조사 없이 재판을 받도록 하는 제도다.

앞서 어머니 B씨는 은행으로부터 황당한 전화 한 통을 받았다. 한 달 전 가출한 아들 A군이 인터넷으로 중고매매 사기를 치기 위해 자신의 명의를 도용해 계좌를 만들려고 했다는 것이다.

A군의 방황은 새아버지와 갈등을 빚으면서 시작됐다. 새아버지는 A군을 살뜰히 보살피려 노력했지만, A군이 사춘기에 들어서면서 둘 사이에 불화가 생기기 시작했다. 친아버지가 없다는 상실감에 힘들어했던 A군은 결국 가출을 하고 만다. 그로부터 한 달 후 가출한 아들이 인터넷으로 사기를 치려했다는 소식을 듣게 된 것이다.

사실 피해자인 B씨가 용서하면 아들의 '사기 미수' 혐의는 그냥 덮일 수도 있었다. 하지만 어머니 B씨는 방황하는 아들의 마음을 바로 잡기 위해 통고제를 신청했고, A군은 잠시 소년 분류 심사원에서 생활한 뒤 법정에 서게 됐다. 가출 이후 한 달 만에 엄마와 여동생을 만난 A군. 어린 여동생은 오랜만에 본 오빠가 반가웠는지 쪼르르 달려가 A군에게 안겼다.

그 모습을 본 부장 판사는 엄벌 대신 A군에게 "어머니, 사랑합니다!"를 재판장에서 열 번 외치게 했다. A군은 차가운 법정 바닥에 꿇어앉아 눈물을 쏟으며 "어머니, 사랑합니다!"를 외쳤다.

이어 판사는 어머니 B씨에게도 "A야, 사랑한다!"라는 말을 열 번 외치도록 했다. B씨가 울면서 "A야, 사랑한다!"고 말하자 품에 안겨 있던 어린 딸이 엄마의 눈물을 닦아주기도 했다. 판사는 이들 가족이 서로 안을 수 있도록 허락했다. 엄숙했던 법정 안은 이들 모자의 뜨거운 포옹에 금세 눈물바다로 변했다고 한다.

사춘기는 누구에게나 힘든 시간이다. 이는 성공한 사람들에게도 마찬가지다. 일찌감치 공개 오디션을 통해서 천재로 칭송받은 악동뮤지션 이찬혁 군 역시 한 인터뷰에서 이렇게 말했다.

"사춘기는 사실 내게 아름다운 시간은 아니었습니다. 갈등도 많았습니다. 아버지가 나에 대해 외계인 같다는 말을 해서 가사에 인용하기도 했고 그때 복잡했던 여러 생각을 가사로 쓰기도 했습니다."

현실적으로 부모가 아이들의 마음속을 다 아는 것은 어려운 일이다. 그래서 끊임없이 아이들의 진심이 무엇일지에 대해 고민해야 한다. 사춘기 아이들은 생각보다 외로움을 많이 느낀다. 또래와 어울리면서도 친구가 없다고 고민한다. 아이가 유달리 게임에 몰두한다면 게임 외에 몰두할 수 있는 대상이 없을 가능성이 높다. 그러니 지금 우리 아이의 속마음에 대해서 정확히 파악하기 위해 노력해야 한다.

나아가 아이가 외부가 아닌 자기 내면의 소리에도 귀 기울이는 사람이 되도록 이끌어야 한다. 사춘기 아이들 중 상당수가 자기 마음을 정확히 모르는 경우가 있다. 호불호가 강한 아이들보다 이런 부류의 아이들이 지도하기 더 난감하고 당황스럽다. 아이가 혼자 내면적으로 성숙할 수 있도록 일기 쓰기, 편지 쓰기, 명상 등의 시간을 통해 자기 자신을 되돌아보는 경험을 이끌어주는 것이 필요하다.

부모는 아이들이 안심하고 기댈 수 있는 유일한 존재이다. 부모가 자식을 부정적인 존재로 인식하고 말을 하다 보면 아이는 마음을 터놓을 사람이 없어서 방황하게 된다. 그러니 부모만큼은 아이를 마음속까지 보듬어주는 절대적 '내 편'이 되어주는 것이 좋다.

희윤 쌤의 💬
토닥토닥 한마디

현재 학교 교육에서 체벌은 용인되지 않습니다. 그렇지만 저는 아이들과 자주 접촉(?)하는 교사입니다. 슬리퍼를 신고 운동장을 가로지르는 녀석들을 보면 달려가서 등짝을 때리기도 하고요, 장난을 심하게 친 학생들에게 헤드락을 걸기도 합니다. 이것이 아이들에게 용인되는 이유는 제가 아이들의 마음을 누구보다 잘 아는 사람이기 때문입니다. 그들은 직감적으로 제가 자신들 편이라는 것을 알고 있지요. 아이들이 원하는 것을 최대한 들어주려는 저의 노력을 아이들도 이미 느끼고 있기 때문에 친밀한 사제 관계를 형성할 수 있었습니다.

어떤 사람을 사랑하지 못하는 이유는 그 사람을 이해하지 못하기 때문이라는 말이 있습니다. 그 사람을 이해하게 되면 그를 사랑하게 됩니다. 자녀와의 유대, 친밀감은 자녀의 깊은 마음속을 헤아리는 것에서부터 시작합니다.

속마음 인터뷰 ④

희윤쌤이 묻고 윤정이가 답하다!

#방탄소년단 #예고입학 #공부좀해라 #가출청소년 #엄마의상처

이윤정: 안녕하세요, 저는 음악이 좋아서 앞으로도 음악을 쭉 하고
싶은 이윤정입니다. 저는 희윤쌤에게 기프티콘으로 라면을
받은 애제자이기도 합니다. (웃음)

희윤쌤: 애제자 윤정이, 요즘 가장 좋아하는 것은 무엇인가요?

이윤정: 저는 요즘 방탄소년단을 좋아하고 있습니다.

희윤쌤: 방탄소년단이 왜 좋아?

이윤정: 보고 있으면 힐링 되는 기분이에요. 가족 같은 분위기의 팀
워크도 보기 좋고, 보고만 있으면 저절로 웃음이 나오고, 방
탄소년단의 음악을 듣고 있으면 너무 행복해져요.

희윤쌤: 방탄소년단이 윤정이의 힐링 포인트였구나. 다음 질문, 윤정이가 고등학교를 생각하면 가장 걱정이 되는 것은 무엇인가요?

이윤정: 저는 예고에 합격해서 진학하게 되었는데, 아무래도 예고 준비한 지 1년밖에 되지 않아서 다른 사람들에 비해 많이 부족해요. 합격은 했지만 앞으로 학교생활을 하면서 실기나 입시를 해야 하는데 잘할 수 있을까 두렵고 걱정이 됩니다.

희윤쌤: 붙었다고 다가 아니구나. 윤정이 이제 중학교를 졸업하는데, 후배들을 위해서 조언해주고 싶은 것이 있나요?

이윤정: 제가 수학을 거의 놓았었거든요. 그런데 정말 후회가 됩니다. 후배들은 제발 공부를 했으면 좋겠어요. 부모님이 공부하라고 하시는 말을 절대로 흘려듣지 말고! 정말 공부를 해야 해요!

희윤쌤: 그런데 윤정이는 그때 왜 안 했어요?

이윤정: 그때는… 저는 제가 안 해도 잘할 줄 알았거든요.

희윤쌤: 그게 아니라는 걸 언제 깨달았어?

이윤정: 서술형 백지 답안지 냈을 때. (웃음)

희윤쌤: (웃음) 다음 질문, 자신의 중2병은 언제였나요?

이윤정: 저는 딱 중2 때, 작년이었던 것 같아요. 엄마한테 말대꾸를 엄청 하고 집도 나갔었어요.

희윤쌤: 에엥? 집도 나갔었니? 학교를 꼬박꼬박 잘 나와서 전혀 몰랐

어, 그럼 언제 귀가한 거야?

이윤정: 하루 뒤에요.

희윤쌤: 가출해서 어디로 갔는데?

이윤정: 다영이네 집.

희윤쌤: (웃음) 행선지가 너무 뻔한데.

이윤정: 네, 그래서 엄마한테 잡힐 뻔했지만 다영이 이모가 엄마한테 내일 보내겠다고 전화해주셔서, 그다음 날에 학교에서 검거 당했어요. 그런데 사실 저는 1년이 지난 지금도 여전히 제가 중2병이 아닌가 싶어요. 얼마 전에도 엄마한테 대들고 싸웠 거든요.

희윤쌤: 저런, 이 자리를 빌려 어머님께 한마디 한다면?

이윤정: 제가 맨날 화내고, 심한 말로 마음도 아프게 하고, 그래서 많이 힘드시겠지만, 진심이 아니니까 상처 안 받으면 좋겠다고 말하고 싶어요. 그런데 그게 안 되겠죠?

희윤쌤: 그럼, 당연히 상처가 되지. 엄마를 비롯하여 이 책을 읽고 있는 독자들에게도 혹시 전하고 싶은 말이 있니?

이윤정: 음, 자녀가 아무리 막말을 하고 거친 행동을 하더라도, 그래도 항상 부모님을 사랑하는 마음이나 죄송해하는 마음이 있어요. 그런 속마음을 알아주시고, 너무 미워하지 않으셨으면 좋겠어요.

5장

엄마가 단단해야
아이를 붙잡을 수 있다

—

[부모의 성장 편]

아이가 흔들려도
엄마는 단단하게

　도종환 시인은 말했다. 흔들리지 않고 피는 꽃이 어디 있느냐고, 흔들리지 않고 가는 사랑이 어디 있느냐고. 인생을 살아가면서 흔들림은 필연적이다. 방황하는 사춘기 시절에도 흔들리고, 진취적으로 사회생활을 하며 인생을 꾸려가는 2030시기에도 흔들리며, 인생의 쓴맛 단맛을 보며 어느덧 중년이 되어버린 4050들도, 이제는 더 이상 시련이 있겠느냐 싶은 60대 이상도 흔들린다. 우리는 평생 흔들리며 산다고 해도 과언이 아니다. 천 번을 흔들려야 어른이 된다는 책이 나올 정도이니 흔들린다는 것은 생의 본질이 아닌가 싶다.

그러나 사람마다 삶이 흔들리는 시기는 다른 것 같다. 어떤 사람은 초년에 고생을 하다가 말년에 대박이 터지는 사람이 있는가 하면, 어떤 사람은 인생 최고의 절정기에서 한순간에 나락으로 떨어지기도 한다. 인생을 뒤흔드는 시련의 순간에서도 자신의 힘을 믿고 긍정적으로 상황을 개척해 나간다면 정말 멋진 어른이 될 수 있다. 하지만 성공 경험이 없이 이제 막 인생을 피워보려는 십대에게 인생을 포기하고 싶은 위기가 찾아온다면 어떨까. 사춘기 청소년들에게는 흔들림 자체가 인생을 꺾는 계기가 될 수 있다.

이런 의미에서 사춘기 시절 만난 위기를 잘 극복하고 멋진 어른으로 성장한 사람들은 더 위대하게 느껴진다. '도마의 신'이라고 불리는 양학선 선수도 그런 사람 중에 한 명이다. 양학선 선수는 집이 없어서 비닐하우스에서 기거해야 할 만큼 가정 형편이 어려웠다. 운동을 해서 누구보다 잘 먹어야 했지만, 성장기 때 그가 주로 먹었던 것은 라면이었다. 그랬던 그가 어려운 환경에서도 흔들림을 잘 이겨내고 결국 도마의 신이 되는 것이 가능했던 이유는 어머니가 단단하게 서 있었기 때문이다.

운동을 열심히 하던 중학생 양학선에게 슬럼프와 사춘기가 한꺼번에 찾아왔다. 고된 훈련도 너무 힘들고 집안 형편이 그리 좋은 것도 아니었으니 '내가 정말 이 길을 가야 하는가'에 대한 진로 고민이 심해지며 급기야 '가출'을 감행했다. 가출한 양학선을 잡은 어머니는 감독을 찾아가 "죽이든지 살리든지 알아서 하십시오."라고 아이를 맡기고 모질게 돌아섰다. 감독은 "부모님께 도움을 드리는 길은 네가 체조를 열심히 하는 것뿐이다."라는 말로 양 선수에게 동기를 부여했고 결국 대한민국 역사상 영원히 남을 체조 영웅을 탄생시켰다. 만약 양학선 선수 어머니가 흔들리던 아들을 잡지 않았다면 오늘날의 영광은 존재할 수 없었을 것이다.

자녀를 성공하게 만들고 싶다면 부모가 먼저 단단해져야 한다. 때로는 독한 마음으로 때로는 너그러운 마음으로 자녀를 조련하며 관심과 사랑을 주어야 한다. 이를 위해서는 먼저 흔들리는 자녀의 진짜 속마음을 아는 것이 중요하다. 아이의 진심을 꿰뚫으려면 평소 아이에 대한 다양한 정보가 수집되어야 한다. 양학선 선수의 어머니는 자녀의 꿈이 무엇인지 정확히 간파하였기 때문에 스파르타식으로 자녀를 밀어붙일 수 있었다. 그의 상태가 일시적인 슬럼프라고 판단했기에 체조를 계속 권하는 것도 가능했다. 만약 양학선 선수가 진정으로 원하는 것이 체조가 아니었다면 어머니의 강한 질책은 역효과가 났을 것이다.

부모는 늘 자녀의 꿈에 대해 관심을 기울여야 한다. 자녀의 꿈에 관심을 가지면 놀라운 것들을 알게 된다. 자녀가 이루려고 하는 꿈이 자녀와 잘 맞을지 아이의 적성을 살펴보게 될 뿐만 아니라 자녀의 롤 모델, 특기 및 흥미 등도 자연스럽게 알게 된다. 무엇보다 자녀와 대화할 수 있는 소재가 생긴다. 자녀에게 정말 네가 원하는 것이 그것이 맞는지에 대해 확인하며 질문도 하게 되고, 꿈을 이루기 위해서는 어떻게 해야 할 건지도 얘기를 나누게 된다. 이때 자녀의 꿈이 현실화될 수 있을 것인지 아닌지에 대해서 부모가 미리 판단하지 않는 것이 좋다.

"그 성적으로 어떻게 수의사가 되겠니? 먼저 공부나 하렴."

이런 식의 대화를 하게 되면, 아이들은 부모를 자신의 꿈을 꺾는 Dream Killer로 인식하며 대화를 차단하게 된다.

부모들은 자녀에게 많은 관심을 보인다고 생각하지만 아이들은 부모가 자신에게 관심이 없다고 생각하는 경향이 크다. 부모와 자녀가 동상이몽이 되는 이유는 무엇일까. 바로 관심의 대상이 다르기 때문이다.

대부분의 부모들은 자녀가 관심을 가져줬으면 하는 부분에 대해서는 관심이 없고, 관심을 부담스러워하는 면에 대해서만 관심이 높다. 아이들은 자신의 교우관계, 외모, 꿈 등에 대해 부모가 관심을 가져주기를 원한다. 하지만 부모는 성적이 제일 관심 있는 요소이다. 그러니 부모와 자녀가 서로 통하지 않는 것이다. 흔들리는 사춘기 자녀를 붙잡고자 한다면 아이가 진정 원하는 것이 무엇인지에 대해서도 반드시 관심을 기울여야만 한다.

희윤 쌤의 💬
토닥토닥 한마디

유튜버가 되겠다! 랩퍼가 되겠다!

아이들의 꿈은 시대의 흐름을 따라 변하고 있습니다. 물론 여전히 공무원이라는 직업이 우선순위를 차지하고 있지만요. 자식을 이기는 부모는 없다는 말도 있지만 일부 부모님들은 여전히 자식을 이기려고 노력합니다. 부모가 자식을 이기려고 하는 순간 비극은 시작됩니다.

부모가 살던 시대와 앞으로 자녀들이 살아갈 시대는 같지 않습니다. 부모의 기준으로 아이를 평가하고 인도하려다가, 훗날 원망을 가득 듣게 될 수도 있습니다. 아이가 자신의 희망과 선택에 대해 책임질 수 있도록 허용해주세요. 설사, 실패한다하더라도 그것은 시련일 뿐 실패가 아닙니다. 아이들은 그 속에서 또 새로운 것을 배우고 새로운 길을 찾으려고 노력할 것입니다.

숫자에 집착하지 않으려면

"10 to 10 (텐투텐) 윈터스쿨 개강!"

아침 10시부터 저녁 10시까지. 재수생과 고시생이 아닌, 일반 중고생들이 이런 스파르타 학원에 간다는 것은 참으로 안타까운 현실이다. 방학을 이용해 평소 못했던 여행도 가고 다양한 체험활동도 하면서 재충전의 시간을 가져도 부족할 텐데 말이다. 공부 공화국인 대한민국에서는 오로지 선행 학습을 위해 방학이 존재하는 것만 같다. 여전히 질보다 양 위주의 공부를 지향하고 방학에 많은 선행 학습을 시켜야 한다고 생각하는 학부모들이 있어서 이러한 비인간적인 프로그램도 문전성시를 이루는 것 같다.

과연 효과는 있을까 싶어서 검색을 해보니 마침 유명하다는 수능 카페에 질문이 올라와 있었다. "예비 고1, 10 to 10 어떤가요?"라는 질문에 부정적인 답변이 대다수였다. 생각만큼 성적이 오르지 않는다는 것이다.

무엇인가를 즐겁게 해야 오래 할 수 있고, 좋은 결과를 낼 수 있는데 이렇게 억지로 하는 공부는 전혀 즐겁지가 않으니 시간과 비용에 비해 효과가 없는 것이 당연하다. 오히려 아이들에게 공부라는 것이 너무 괴롭고 힘든 것으로 각인될 뿐이다.

"너 이번 중간고사 몇 점 받았니?"

"너 이번에 몇 등 했니?"

"성적표는 언제 나온대?"

중학교 이후부터 부모들이 아이들에게 궁금해 하는 것은 '숫자'다. '몇 점', '몇 등', '언제'라는 부모들의 질문에 아이들은 질려버린다. 성적이 우수한 몇몇 학생들은 이러한 질문에 즐겁게 대답할지도 모른다. 그러나 대다수의 아이들은 이런 질문이 전혀 반갑지가 않다. 자신의 성적을 보고 낙담할 부모님에 대한 죄책감과 괴로움에 현실을 도피하고자 한다.

나는 아이들의 이러한 마음을 잘 알고 있지만 담임교사이기에 성적표가 나올 때마다 학부모들에게 전체 문자를 돌린다. 아이들의 성적에 대해서 부모도 알 권리가 있기 때문이다. 잘한 부분이 있다면 마땅히 칭찬해주어야 하고, 현재 성취 수준에 대해서 미리 알고 있어야 추후 진학 지도도 가능하다. 자녀의 성적을 정확히 아는 것은 부모의 권리이자 의무다.

그러나 우리나라의 학부모들은 자녀의 성적을 아는 것에 멈추지 않고 끝없는 집착을 보인다. 성적에 대한 집착은 사교육 열풍으로 이어져 가계 경제에 부정적인 영향을 끼칠 뿐만 아니라 사회 전체의 손실로 이어지기도 한다. 40대 이후 중년 여성이 재취업을 하는 이유가 자녀의 사교육비를 감당하기 위해서라는 점이 이를 뒷받침한다.

자녀의 사교육비가 전체 가계 생활비의 60%에 이른다는 점과 최근 한국 사회의 최대 문제로 떠오른 노년 빈곤층 문제를 고려해볼 때 과도한 사교육을 꼭 시켜야 하는지 한번 생각해봐야 한다. 앞으로는 100세 시대이므로 60세에 은퇴를 하게 되어도 향후 30~40년간을 살 수 있는 자금이 있어야 한다. 그런데 경제 활동을 하는 3050세대들이 지금 버는 돈을 은퇴 뒤의 노년 자금으로 모아두지 못하고, 오롯이 자녀의 사교육비에 올인 한다면 미래가 위태로울 수도 있다.

똑똑한 자녀의 입시 결과나 성공이 가족 전체의 삶을 바꾸는 것은 20세기에나 유효했던 일이다. 지금은 예전과 달리 좋은 대학에 입학하는 것이 취업으로 직결되지 않고, 취업했다 하더라도 부모의 삶까지 짊어질 수는 없는 시대이다. 오히려 부모가 사교육비에 헌신하여 노후를 빈곤하게 보내는 것보다 자신의 넉넉한 노후에 투자를 하면서 여유자금을 성인 자녀에게 투자해주는 것이 오히려 자식들을 위해 더 좋은 일일 수 있다.

내가 아는 어느 국어 선생님은 자녀들에게 사교육을 하나도 시키지 않았다고 한다. 대신 오로지 독서 교육을 강조하였다. 일명 '닥치고 읽어!'라는 그녀의 독서 교육을 통해 아이들은 공부습관을 형성했고, 세 명의 자녀 모두 인서울의 대학에 진학했다. 그리고 그녀는 아껴두었던 사교육비를 모아 오피스텔 3채를 샀다고 한다. 직장인이 된 자녀가 오피스텔을 받았을 때 얼마나 든든하고 부모님이 감사하게 느껴지겠는가. 자녀의 성적에 집착하지 않고 노후까지 잘 준비해두는 부모님이 이제는 대세인 시대이다.

부모들이 자녀의 성적에 집착하는 이유는 크게 두 가지 이유 때문이다. 첫째, 자녀의 성공과 자신의 삶을 동일시하기 때문이다. 일종의 '보상 심리'라고 볼 수 있다. 삶의 힘듦과 고통에 대한 보상으로 자녀의 성공을 꿈꾸는 것이다. '나는 비록 좋은 대학을 나오지 못했지만 너는 꼭 좋은 대학을 나와서 최고의 삶을 살아라.'는 부모 욕심이 자녀에게 투사되는 것이다. 자녀가 좋은 성적을 받으며 좋은 대학에 가게 되면 자신의 삶도 성공했다고 믿는다.

둘째, 과거에 갇혀 미래를 내다보기 때문이다. 부모들이 살던 시대는 좋은 성적을 얻어야 좋은 학교에 들어갈 수 있고 좋은 직업을 가질 수 있었다. 특히 우리나라처럼 학력을 중요시하는 사회에서는 학력이 사람을 평가하는 기준이 되었으므로 남들이 생각하는 좋은 학교에 들어가지 못하면 기회조차 얻지 못하는 경우도 많았다. 그러니 내 아이만큼은 좋은 대학에 들어가게 해야 한다. 취업률이 낮다 한들 좋은 대학에 가면 웬만한 기업에는 들어가겠지 하는 막연한 믿음을 붙잡으면서 말이다.

하지만 앞으로 우리 아이들이 살아갈 시대는 과거의 부모님이 살았던 시대가 아니다. 더 이상 '성적' 중심으로 평가받는 시대가 아니기 때문이다. 일류대학에 들어갔지만 실업자가 되거나, 팍팍한 임금을 받으며 사는 현대판 노예의 삶을 사는 사람들이 많이 생기고 있다. 오히려 성적은 나빴지만 자신의 재능을 갈고 닦아 성공한 인생을 살게 된 사람들이 주목받는 시대이다. 4차 산업 혁명 시대에 우리 아이들에게 필요한 것은 성적이나 학력이 아니라 전문적인 지식과 경험이다.

아무리 자녀의 성적에 집착하지 말라고 하더라도 여전히 부모들에게 자녀의 성적은 중요한 과제다. 중고생들과 10년 넘게 지내온 경험으로 비추어 볼 때, 부모가 성적에 집착할수록 아이의 성적은 하향 곡선을 그릴 가능성이 높다. 성적에 집착하는 부모를 둔 아이들은 또래보다 높은 학업 스트레스에 시달리게 되고, 이는 학습 동기 하락이라는 부작용으로 이어지게 된다. '학습 동기 저하→성적 하락→자존감 추락'이라는 악순환 고리를 향해 달려가는 것이다. 반대로 '학습 동기 증진→성적 향상→자신감 상승'이라는 선순환 고리를 이어갈 때 아이들의 성적은 크게 향상된다.

그렇다면 어떻게 아이들의 학습 동기를 높일 수 있을까? 부모가 성적이 아닌 배움 그 자체에 관심을 보일 때 아이들의 학습 동기는 크게 향상된다. 아이들이 배움의 즐거움을 느낄 수 있도록 학습 내용에 대해 질문하고 대화할 때 아이들의 학습 동기는 상승하고, 성적은 자연스럽게 향상될 수 있다.

21세기는 인공지능의 시대다. 공부를 잘하는 인재보다는 창의적인 인재가 각광받게 된다. 그러니 성적에 집착하지 말고 아이가 잘할 수 있는 분야를 찾아보자. 이제 행복은 정말 성적순이 아니다.

희윤 쌤의 토닥토닥 한마디

'명문 대학 졸업장=행복 보장'이라는 공식은 이미 깨진 지 오래입니다. 하지만 여전히 성적에 집착하는 부모가 많습니다. 그러나 부모가 성적에 집착할수록 자녀와의 관계는 힘들어집니다. 부모는 자녀가 기대만큼 따라오지 못해 좌절하고, 자녀는 부모의 기대를 충족하지 못해 좌절합니다. 많은 부모들이 성적에 집착하여 아이들을 망치는 모습을 보았습니다.

공부를 잘해서 성공한 경우는 일부에 불과합니다. 성적을 잘 만들어놓는 것보다 탄탄한 인맥을 구축해놓는 것이 더 나을 수도 있습니다.

그러니 성적에 대해 집착을 버리고 자녀를 독립된 인격으로 대우해주세요. 자녀를 '손님' 대하듯 한다면 자녀와의 갈등이 줄어들 것이라는 말은 이러한 맥락을 담고 있습니다. 자녀의 학업 성적이 중요시되는 우리나라 사회에서 성적에 대해 관심을 갖지 않을 수는 없겠지만, 결과에 집착하지 않는 태도를 갖는 것은 아주 중요합니다. 결과보다는 자녀가 공부를 하는 과정에 주목하고, 원하는 분야를 스스로 찾아갈 수 있도록 다양한 기회를 지원해주는 것이 필요합니다.

학교를 떠나는 아이,
학교에서 버티는 아이

최근 속상한 소식 하나가 들려온다. 전학 간 녀석 하나가 다시 우리 학교 근처에서 모습을 보인다는 것이다. 말도 없이 전학을 가더니 다른 학교에서도 결국 적응하지 못했다는 것을 확인하게 하는 소식에 씁쓸한 기분을 감출 수 없었다. 작년에 내가 더 노력했어야 했는데, 소홀히 한 것은 아닌지 후회가 되기도 했다.

교사로서 학업을 중단하고 싶은 학생들을 만나면 자괴감이 드는 경우가 많다. 이 경우에는 아이들에게 왜 학교를 다녀야 하는지 설득하기가 쉽지 않다. 그래도 담임으로서 의무 교육인 중학교까지는 다니게 하고 싶은 게 욕심이다. 하지만 이때 학부모의 협조가 없다면 학업 지속이 불가능하다.

물론 꼭 학교를 다니는 것만이 대안은 아니다. 학교에 적응하지 못해서 학업을 중단하더라도 아이가 인생의 패배자가 되는 것은 아니라는 것도 잘 안다. 다만 우리 사회가 여전히 학력 중심 사회이므로 '졸업장'이 주는 의미가 얼마나 큰지를 알기 때문에 아이들이 조금이라도 어려움을 견뎌주기를 바랄 뿐이다. 가정 형편이 안 좋고 상황이 나쁠수록 아이들이 학교를 다니기를 바라지만 대다수가 마음을 못 잡고 학업 중단을 선택하는 경우가 많다.

어느 독서 모임에서 고교를 자퇴하는 자녀를 둔 어머니를 만뵌 적이 있었다. 중학교 시기까지는 잘 견뎌냈는데 고등학교에 진학해서는 적응을 어려워하여 그만둔다는 것이다. 나는 그분께 자녀의 친구 관계를 물었는데 다행히 교우 관계는 좋다고 말씀하셨다. 난 그것이면 충분하다고 학교를 그만두고도 자신이 원하는 바를 잘 찾으면 진로를 정해 나아갈 수 있을 것이라고 말씀드렸다.

학업 중단을 하는 학생들은 대부분 학교 부적응 상태인 아이들이 많다. 2017년 조사한 통계에 따르면 실제로 학업에 대한 흥미나 동기를 상실하고 학교생활에 만족하지 못하는 등의 이유로 학업 중단을 택한 학생 수는 매년 약 6만 명을 넘는다고 한다. '학업 중단 숙려제'라는 제도가 도입되어 학생들이 학업을 중단하더라도 복귀할 수 있지만 유명무실한 실정이다. 현실적으로 한번 학교를 떠난 아이들은 학교로 돌아오기 어렵기 때문이다.

학교 교육에는 순기능과 역기능이 있다. 양질의 교육을 누구나 평등하게 받을 수 있다는 것은 순기능이지만, 개인의 자유를 억압하고 구속한다는 점은 역기능이라 할 수 있다.

요즘 내가 아이들과 씨름하는 것 중에 하나가 바로 교복 착용이다. 날이 추워지면서 교복 자켓 대신 후드티나 후드집업을 착용하는 아이들이 늘고 있다. 학교에서 생활지도를 담당하는 나로서는 꽤나 난감한 문제다. 학교 교복 자켓은 단정하고 예쁘기는 하지만 아이들의 활동성을 저해하는 옷이다. 그리고 중3 정도가 되면 아이들이 성장이 급격해져서 교복이 맞지 않는 경우가 많다. 그래서 사이즈가 맞지 않는 교복을 입는 대신 후드집업을 입는 것이다. 게다가 자켓만으로는 따뜻하지 않아서 교복 위에 다른 옷들을 입을 수밖에 없다.

그런데 이러한 점을 이해하면서도 공식적으로 후드집업 입는 것을 허용하기는 어렵다. 한번 그런 옷차림을 허용하게 되면 교복을 충분히 착용해도 되는 아이들까지 교복을 착용하지 않게 된다. 게다가 3학년에서 그렇게 용인되면 교복을 입을 수 있는 1, 2학년도 덩달아 따라 하게 된다. 이는 학교 전체적으로 볼 때 단정한 교복 착용을 어렵게 만드는 요인이 되기도 한다. 그래서 어떤 학교는 아예 교복을 후드집업으로 지정했다. 점점 보기 좋은 교복이 아니라 착용하고 입기 편한 교복을 선택하는 학교가 늘어날 것이다.

이런 교복 문제만 하더라도 아이들에게는 억압이 될 수 있다. 학교라는 시스템은 교칙 등을 통해 학생들을 통제하므로 개성과 인격을 존중받지 못하게 된다. 게다가 성적의 서열화로 아이들에게 평가의 잣대를 들이대는 부정적 교육기관으로 인식되기도 한다.

그럼에도 불구하고 아이들은 여전히 학교에 다닌다. 우리 반 아이들에게 학교를 다니는 이유를 물어봤더니 다양한 답변이 나왔다. 장난처럼 '선생님을 보기 위해서'라고 말하는 아이도 있었고, '부모님이 다니라고 해서', '동아리 때문에'와 같은 실질적인 이유를 말하는 아이도 있었다. '좀 더 나은 미래를 위해서'라고 대답하는 아이도 있다.

사실 학교를 잘 다니고 있는 아이들의 내면에도 학교에 오기 싫은 마음이 일정량 자리 잡고 있다. 그럼에도 불구하고 그들이 학업을 중단하지 않고 학교를 다니는 이유가 뭘까? 그 이유를 통해 학업 중단 아이들을 지도할 수 있다는 생각이 든다.

힘든 학교생활을 묵묵히 견뎌 나가는 아이들의 특징은, 적어도 어느 하나만큼은 남들보다 뛰어난 부분이 있다는 사실이다. 꼭 공부를 잘하지 못하더라도 학교생활 중 어느 한 영역에 재능을 보이는 녀석들은 학교를 잘 다닌다. 운동에 재능이 있거나 그림에 소질이 있는 경우 예체능 교과 시간만큼은 날아다닌다. 그런데 학업을 중단하려고 생각하는 아이들은 그렇게 자신이 활기를 칠 교과 시간을 찾지 못한 경우가 많다. 모든 수업에서 자신을 들러리로 간주하다 보면 학교생활이 무미건조하고 무의미하게 느껴진다.

이는 자신감 결여 증상 중 하나인 무기력증으로 연결될 수 있다. 자신은 재능이 없다는 잘못된 인식을 갖게 되고 무엇이든 할 수 없다는 잘못된 판단력을 수립하게 된다. 그래서 무슨 일이든 하고 싶지 않은 상태에 빠지게 되는 것이다. 무기력증은 생활 전반을 지배하며 학교뿐만 아니라 가정에서도 나타난다. 아이가 전체적으로 감정이 무디고, 의욕이 없는 모습을 보이기 때문에 부모 입장에서는 속이 터진다. 자녀가 너무 늘어져 있다면 무기력증을 의심해봐야 한다.

힘든 학교생활을 묵묵히 견뎌 나가는 아이들의 또 다른 특징은 친화적인 성격에 있다. 공부나 재능은 특출 나지 않아도 친구들과의 관계가 좋으면 학교생활이 할 만하다. 친구 때문에 학원을 다니는 아이들만 봐도 알 수 있다. 사실 사춘기 아이들에게는 친구가 전부다. 아무리 겁보라도 자신이 믿고 의지하는 친구가 있다면 무서운 공포 체험도 손을 잡고 꿋꿋이 해낸다. 사춘기 시절 친구는 삶의 이유가 될 수 있다.

반면 친구들 관계가 나빠지면 학교에서 웃음 지을 일이 거의 없다. 청소년 시절 믿고 의지할 친구가 없으면 인간관계에 대해 두려움을 느끼게 되고 이는 대인 기피증으로 발전될 확률이 높다. 대인 기피증 역시 자신감이 결여된 사람들이 보이는 특징 중 하나다. 큰 사업을 하다가 망한 사람들이나 잘나가던 연예인들이 사건사고로 일을 접을 때 가장 먼저 나타나는 증상이 대인관계 기피증이다. 자신감 상실은 인간관계 단절로 이어지고, 아무도 뭐라 하지 않아도 타인이 자신을 비난하는 것처럼 느끼는 것이다.

학교에서 혼자 생활하는 아이들을 보면서 나는 그들에게 일찍부터 '관계 맺음'에 대한 교육이 이루어졌으면 좋겠다는 생각이 들었다. 관계는 사회 속에서 자연스럽게 습득되는 것이 아니다. 나에 대한 올바른 이해와 타인에 대한 배려와 존중으로 탄생하는 것이다. 그런데 우리는 그 관계 형성을 오롯이 개인의 몫으로 남겨놓는 경우가 많다.

친구들이 싫어하는 말이나 행동을 골라서 하여 스스로 친구들에게 미움을 사거나, 타인과 친구가 되는 법을 모르는 아이들을 볼 때 안타까운 마음이 든다. 먼저 나를 사랑하고, 타인을 사랑하는 방법을 알려주어 타인과 관계를 맺는 방법을 지도할 필요가 있다.

나를 사랑하는 방법을 알려주기 위해서는 먼저 아이들의 자존감을 높여야 한다. 자존감이란 자신이 가치 있는 사람이라고 느끼는 자기 인식이다. 사춘기 문제뿐만 아니라 삶에서 부딪히는 정서적인 문제 대부분은 자존감에서부터 발생한다.

자존감이 높은 아이는 다른 아이를 공격하지 않는다. 그리고 다른 사람에게 상처를 받아도 금방 일어선다. 다른 말로 회복탄력성이 높다고 할 수 있다. 하지만 자존감이 낮을수록 회복탄력성도 낮아지게 된다.

나를 사랑하고 남을 사랑할 수 있게 하기 위해서는 아이의 장점을 발견하고 칭찬해주어야 한다. 그리고 다른 사람들을 좋은 시선으로 바라볼 때 스스로도 더 높아지고 그들과의 돈독한 관계 형성이 가능해진다는 것을 일깨워주자.

희윤 쌤의 💬 토닥토닥 한마디

자녀가 학교를 그만두려고 할 때 부모님들의 가슴은 무너져 내립니다. 대부분의 부모님들은 큰 자괴감에 빠지죠. 하지만 자책 이전에 아이의 결정에서 주된 원인이 무엇인지를 냉정하게 파악해 볼 필요가 있습니다. 부모님이 주는 학업 스트레스가 큰지 아니면 학교라는 시스템 자체에 적응을 못하는 것인지에 대해서 정확하게 진단을 내려야 합니다.

요즘에는 '검정고시' 제도가 잘 되어 있기 때문에 학교를 그만둔다고 해서 공부를 못하는 것은 아닙니다. 하지만 또래와 함께 진학하며 학교를 통해 얻을 수 있는 경험을 해보지 못하는 것은 아쉬운 일입니다. 그리고 훗날 성인이 되었을 때 학교를 그만두었던 자신의 선택을 후회할 수도 있습니다. 기왕 중학교에 입학했다면 아이가 학교생활을 조금 힘들어하더라도 끝까지 이끌어주세요. 학교를 원하지 않는 아이라면 두 번 다시 중등교육을 경험할 기회가 없을 테니까요.

학교는 개개인을 존중하는 교육보다는 공동체를 위한 사회화 교육을 더욱 강조합니다. 따라서 사춘기 아이들은 학교가 자신의 자유를 보장한다고 생각하기보다는 통제나 억압을 하는 존재로 인식할 수 있습니다.

그러나 학교는 사회의 축소판으로 함께 살아가야 하는 이 세상에서 해야 되는 것들을 미리 경험할 수 있는 좋은 제도입니다. 학교를 통해 조직에서 살아가는 경험도 사전에 해보고, 다양한 사람들을 만나며 대인관계 능력을 형성해볼 수 있습니다. 최소한 의무 교육 기간까지는 학교 교육을 경험할 수 있도록 이끌어주는 것이 어떨까요? 꼭 학교가 아니더라도 대안교육 및 학업 중단 학생들을 위한 위탁 교육 등도 도움이 될 수 있을 것입니다.

혹시 게임 중독 아닐까요?

대학생 때 연애를 하면서 남자친구가 자신의 친구들과 노는 방식을 보고 되게 의아했다. 여자들은 모이면 마주보고 수다 떨기 바쁜데, 오랜만에 모인 남자들은 PC방으로 직행하는 것이다. 일렬로 앉아 게임을 하며 회포를 푸는 그들의 놀이 문화에 다소 충격을 받았었다. 도대체 왜 남자들은 다 큰 어른이 되어서도 같이 모여 게임을 하는 것인지가 너무 궁금해서 책도 읽어보고 나름대로 조사도 해봤는데, 여기에는 나름 역사적인 배경이 있었다.

원시시대부터 남자와 여자는 역할이 구분되었다. 여자들은 거주지를 중심으로 식량을 수확하고 아이를 양육하는 일을 도맡아하는 반면, 남자들은 집단으로 단백질의 근원이 될 만한 동물을 사냥하는 일을 주로 담당하였다. 이 과정에서 남자들은 자연스럽게 전투 본능을 습득했다. 치열한 경쟁을 뚫고 무엇인가를 쟁취했을 때 쾌감을 경험하는 것이다. 문명이 발달한 오늘날 현대 사회에서는 이러한 쾌감을 느끼기 어려운데, 이것이 가능한 영역들이 있다. 바로 스포츠와 게임이다. 그중 제약이 덜한 게임이 남성의 마음을 사로잡은 것이다.

스포츠나 게임에서 승리하게 되면 뇌의 도파민이라는 신경 전달 물질이 증가되어 쾌감을 느끼게 된다. 도파민은 즐거움과 쾌락을 주는 호르몬이라는 점에서는 긍정적이지만 계속해서 도파민을 추구하다 보면 어느새 중독된다는 것이 큰 문제다. 마약 중독처럼 게임에 중독된 뇌도 점차 게임 추구형으로 변해간다.

그런데 최근에는 게임 중독이 남자들에게만 나타나는 현상은 아닌 것 같다. 여자아이들도 생각보다 게임을 많이 한다. 게임이 활성화된 이유는 크게 세 가지다. 우선, 게임 자체가 남녀노소 누구나 좋아할 만한 요소를 지닌 게임으로 진화하기 시작했다. 옛날에는 중고교생 정도만 게임을 즐겼다면, 요즘은 다양한 연령층이 즐기고 있다. 교사 중에도 게임을 하는 분들이 생각보다 많고, 연세가 드신 분들도 그들의 연령에서 할 수 있는 게임을 찾아 여가시간을 보내는 일이 자연스러워졌다.

두 번째는 스마트폰의 증가로 모바일 게임이 활성화되었기 때문이다. 10여 년 전만 해도 컴퓨터를 다룰 수 있어야만 게임을 하는 분위기였다. 그러나 요즘은 모바일을 통해 언제 어디서든 게임 접속이 가능하다. 그러다보니 일상생활을 하면서도 모바일로 게임을 틀어놓으며 멀티태스킹을 하는 사람들이 늘어나고 있다.

세 번째, 남자아이들과 여자아이들의 교류가 과거에 비해 훨씬 활발해졌다. 남녀 분리 교육에서 남녀공학으로 변모하면서 여자아이들도 자연스럽게 남자아이들과 어울린다. 그러다보니 남자아이들의 문화를 함께 공유하는 분위기가 형성되었다. 이제는 여자아이들도 남자아이들과 함께 게임을 위해 PC방에 가는 것을 당연시한다.

게임 성행은 시대적인 흐름상 당연한 것 같다. 게임에 관심에 없던 사람들도 우연히 친구가 하트(게임에서의 보상)를 얻기 위해 발행한 초대장을 누르면서 순식간에 게임의 세계에 입문한다. 게임을 한다는 자체에는 문제가 없으나 이러한 게임이 중독을 일으킨다는 점에서 문제 요소가 될 수 있다. 특히 전두엽 발달이 미흡하고 세로토닌이 부족한 청소년들에게는 더욱 그러하다.

자녀가 게임을 많이 한다고 생각하면 가장 먼저 해야 할 일은 컴퓨터를 부수거나 휴대폰을 빼앗는 게 아니다. 아이가 정말 게임 중독인지에 관찰하고 진단하는 것이 중요하다. 게임 중독은 게임을 하느라 일상생활에 지장이 있는 정도를 말한다. 학부모들 중 일부는 자녀가 공부를 잘하는데 게임을 하느라 시간을 뺏긴다며 아이를 게임 중독이라고 칭하는 분들이 있다. 그런데 그건 부모님의 관점이고 실제적으로 아이가 공부를 하다가 잠깐 게임으로 스트레스를 푸는 정도일 수도 있다. 그래서 객관적으로 비교해봤을 때 아이의 게임 시간이 정말 과도한 것인지에 대해서 살펴보는 것이 중요하다.

만약 게임으로 인해 건강상의 문제가 생긴다면 심각한 게임 중독을 의심해야 한다. 게임 때문에 수면 부족상태가 되거나 영양실조, 탈수 등의 문제가 생긴다면 이미 상당한 수위라 볼 수 있다.

PC방에 가서 게임할 시간은 있어도 공모전에 제출할 UCC 만들 시간은 없다는 아이들을 보면서 이미 게임은 생활의 일부라는 생각이 들었다. 게임 중독 문제는 그 해결이 쉽지는 않다. 혹자는 이미 게임 중독은 손쓸 수 없는 문제라고 독설하기도 한다.

그러나 나는 생각이 다르다. 물론 게임 중독된 뇌가 마약 중독과 비슷하다 할지라도 게임에 중독되는 것은 마약보다는 심리적인 문제에 가깝다고 생각한다. 그래서 아이들의 심리를 들여다보고, 맞는 길을 제시해준다면 아이와 게임으로 싸우는 일은 적어질 것이다.

아이가 게임을 좋아하고 잘한다고 생각하면 아이와 진로에 대해 진지한 대화를 해보는 것도 방법이다. 게임을 단순히 취미로만 할 것인지 게임을 좋아하니 가까이에서 할 수 있는 진로를 택할 것인지에 대해서도 얘기해볼 수 있다.

캐릭터 디자이너, 게임 시나리오 제작자, 게임 설계자, 프로그래머, 시스템 개발자, 프로게이머 등 게임 관련 진로는 생각보다 많다. 게다가 게임 회사는 입사하기 어렵고, 경제적인 수입도 높은 편이다.

이러한 게임 관련 진로에 대해서 아이와 대화의 물꼬를 형성하면서 진로에 대한 생각을 심어주면 아이는 게임에 대한 또 다른 시선을 가질 수 있다. 내가 진짜 프로 게이머로 진로를 선택할 정도인지에 대해 스스로 판가름 해볼 기회를 주거나, 그 정도 실력을 갖지 않았는데도 게임이 너무 좋다면 게임 관련 직종으로도 호기심을 가질 수 있다. 만약 캐릭터 디자이너가 꿈이라면 미술 공부를, 시나리오 제작이 꿈이라면 문학 공부를 할 수 있도록 이끌어주면 더욱 좋다.

게임 중독이 된다는 것은 그 자체로 게임에 맹목적이 된다는 것, 그리고 게임이 모든 것에 우선순위가 된다는 의미다. 이러다 보면 가상 세계와 현실을 혼동하기도 한다. 게임을 하다가 우발적으로 살인이 발생하는 것 등은 이렇게 현실에 대한 판단력이 흐려지는 데 있다. 게임에 빠진 아이들은 현실 세계에서 벌어지는 일들에는 흥미가 없어진다. 그래서 게임 중독 아이들은 가족관계, 대인관계, 학업 등의 분야에서 문제가 발생한다. 자녀가 게임 중독에 빠졌다고 판단되면 아이를 가상 세계가 아닌 현실로 이끌어내도록 유도해야 한다. 또한, 아이가 현실에서 도피하고 싶은 문제가 있지는 않은지 유심히 살펴봐야 한다. 가정문제, 교우문제, 학교 부적응, 학업 스트레스 등이 아이들을 게임의 세계로 인도하는 주범이다.

게임에 중독되었다는 것은 또 다른 말로 게임 외에는 할 것이 없다는 것으로 해석할 수 있다. 그래서 게임 중독 아이들이 게임 외에 요리, 독서, 운동, 공예, 음악, 미술 등 건전한 방식으로 여가를 보낼 수 있도록 지원해주는 것이 도움이 될 수 있다. 이러한 활동을 통해서 자연스럽게 가족이나 친구들과 함께하는 즐거움을 느끼게 한다면, 아이는 게임이 아닌 현실 세계에 몰두하는 자신을 발견하게 될 것이다.

게임 중독된 아이가 있다면 가정 내의 문제는 없는지 반드시 점검해봐야 합니다. 가부장적인 가족 문화, 대화 단절, 형제 자매간 차별, 아동 학대, 경제적인 요인 등이 자녀를 게임 중독에 빠지게 할 수 있습니다. 또한 왕따 및 학교 부적응, 학업 스트레스 등의 학업 문제도 게임 중독의 원인이 될 수 있습니다. 게임이 아닌 다른 곳에서 아이들의 존재감을 확인할 수 있도록 이끌어주세요. 안정감을 느끼는 환경이 조성되었을 때 아이들은 스스로를 통제하며 게임을 할 수 있는 자율성을 획득할 수 있습니다.

엄마와 아이가 함께
성장하는 시간

육아의 늪을 간신히 벗어나자마자 또다시 자녀의 사춘기로 고민을 시작하게 된 부모 입장에서는 사춘기가 원망스러운 시간이 될 수도 있다. 특히 사춘기 자녀들과 씨름하느라 너무 지친 날에는 사춘기 따위는 없어져 버렸으면 좋겠다는 생각이 들기도 한다.

그러나 사춘기는 어른이 되려면 누구나 반드시 겪어야 하는 시간이다. 그러니 이왕 겪어야 하는 시간을 긍정적으로 받아들이면서 그 시간을 통해서 자식과 함께 성장하려는 마음을 지니면 편해질 수 있다.

사춘기에 아이만 성장하면 부모와 자녀의 관계가 불균형에 이르게 되고, 결국 부모와 자녀는 갈등하게 된다. 아이가 자라나는 만큼 부모 또한 자라야 한다. 특히 자녀의 양육에 있어서 큰 영향력을 발휘하는 엄마의 역할이 중요하다.

가정에서 엄마가 사춘기 자녀와 함께 성장하려면 가장 먼저 해야 하는 일은 꿈을 가지는 것이다. 엄마가 꿈을 가지는 순간, 놀랍게도 자녀의 삶과 엄마의 삶은 완벽하게 분리된다. 이를 통해 엄마와 자녀의 관계가 재정립될 수 있다. 엄마도 자신의 꿈을 이루기 위해 노력하면서, 자녀와 공존하는 삶을 지향하게 된다.

만약 이러한 과정 없이 성공한 자녀를 통해서 성공한 부모가 되려고만 한다면, 자녀에게 많은 부담을 주게 된다. 지금부터라도 자녀의 짐을 덜어주고 싶다면 내 꿈을 꾸고 그 꿈의 실현을 위해 달려야 한다. 그러면 자녀의 성공과 실패에 대해서 조금은 초연해진다. 자녀가 성공할 때 같이 기뻐해주고, 자녀가 실패했을 때 어깨를 토닥여주면 그만이다.

의외로 자녀가 성공해도 부모가 우울증을 겪는 경우가 종종 있다. 한평생 희생하여 자녀는 성공했지만 정작 자신의 인생은 어디로 갔는지 모르겠다는 허무함에 빠지게 되기 때문이다.

자녀가 사춘기 정도의 나이가 된다면 대부분의 부모님 나이는 40세 안팎이니 꿈꾸기 아주 좋은 나이다. 어느덧 마흔이기에 자신이 퇴물이라고 생각하면 곤란하다. 40세가 넘은 나이에도 얼마든지 도전이 가능하다. 내가 좋아하는 소설가 박완서 선생님은 40세의 나이에 등단하여 돌아가실 때까지 무수한 소설을 남기셨다. 40세에 운동을 시작하여 몸짱 아줌마로 등극하여 전 세계에 운동을 전파하는 운동 전도사가 된 사람도 있다. 40대는 아직 할 수 있는 일이 무수히 많다.

사춘기 자녀는 길어야 6년 안에 부모의 품을 떠나 성인이 된다. 자녀가 성인이 되면 엄마로만 살 수 없는 때를 맞이한다. 엄마가 아닌 한 사람의 '나'로 꿈을 키울 때 아이들도 더 잘 키우고, 자녀와 동등한 꿈맥으로 함께하는 행복한 삶을 살아갈 수 있다.

이런 의미에서 우리 엄마는 이상적인 롤 모델이다. 엄마는 50세가 되었을 때, 무엇인가 일을 해야겠다고 결심하셨다. 장애가 있는 남동생만 돌보다 보니 점점 우울해져서 뭔가 돌파구가 필요하다고 생각하신 모양이다. 보통 사람이라면 50세에 무엇인가를 배우려고 하지 않았을 텐데 엄마의 열정은 대단하셨다. 나는 엄마를 적극적으로 지지했고, 엄마는 일 년간의 배움 끝에 피부 관리 샵을 차리셨다. 엄마는 60세가 넘은 지금까지도 가게를 운영하신다. 이제는 나이가 들어서 조금 힘들어하시지만, 많은 사람들이 전문 기술을 가지고 있는 엄마를 부러워한다.

혹시 꿈을 좇느라 집안일을 하기 어려우면 그 일을 자녀와 남편이 분담하도록 하면 된다. '집안일'도 중요한 교육 콘텐츠 중 하나다. 앞으로는 자녀에게 미래 사회에서 살아남을 수 있는 '생존력'을 길러주는 것 또한 반드시 필요하다. 그런 의미로 사춘기 자녀들에게 첫 번째로 해야 할 교육은 집안일을 시키는 것이다. 공부할 시간도 모자라는 아이들이 어떻게 집안일을 하며 공부를 할 수 있겠냐고 생각할 수도 있겠지만, 집안일이야말로 생존력을 높이는 참교육이 될 수 있다.

집안일을 해본 사람들은 안다. 해놓을 때는 전혀 티 나지 않지만 안 하면 얼마나 티 나는 일인지를. 대청소 같은 집 전체를 아우르는 노동은 일주일에 한 번 정도만 시키고, 자기가 입었던 교복이나 운동화 빨기, 저녁 설거지 등 간단한 것들을 시키면 된다. 그리고 일주일에 한 번은 자율적으로 식사를 해결하도록 두는 것도 좋다.

그 시간에 아이를 공부시키는 게 낫지 아무것도 모르는 소리 한다고 생각할 수도 있다. 그러나 최소한의 집안일에 참여함으로써 아이들은 집안일의 어려움을 깨달으며 부모에 대한 고마움을 새삼 느끼는 경험을 하기도 한다. 집안일을 하면서 아이들은 엄마의 고충을 이해하게 되고, 반복되는 삶에 대한 생각도 하게 된다. 그리고 엄마의 삶, 자신의 삶, 나아가 미래에 대해서도 생각해 보게 될 것이다.

자녀를 위해서 모든 것들을 희생하기만 한다면 부모가 성장할 수 없고 자녀와 함께 행복할 수 없다. 사춘기에 자녀의 꿈을 키울 생각만 하지 말고, 반드시 엄마의 꿈도 키워야 한다. 부디 사춘기가 자녀와 함께 성장했던 보물 같은 시간으로 기억되기를 바란다.

희윤 쌤의 💬 토닥토닥 한마디

어른들도 꿈을 꾸고 성장해야 합니다. 어른이 무엇인가 도전하는 모습은 아이들에게 큰 자극이 됩니다. 그래서 도전 정신이 가득한 부모 밑에서 반드시 도전을 두려워하지 않는 아이가 나오지요.

저는 제자들에게 도전하는 선생님의 모습을 보여주고자 노력합니다. 제가 작가로서 책을 쓰는 이유 중 하나는 아이들에게 교사도 꿈을 꾸고 꿈을 향해 달려간다는 것을 보여주고 싶기 때문입니다. 아이들에게 꿈을 꾸는 것은 평생 계속되어야 하며, 어른이 되어서도 성장을 게을리 해서는 안 된다는 인식을 심어주고 싶기 때문입니다.

좋은 부모와 교사는 사춘기 아이들에게 훌륭한 롤 모델이 될 수 있습니다. 독서, 자격증 취득, 취미 생활, 운동 등 다양한 활동으로 자신의 삶을 계발해보세요. 꾸준히 자신을 계발하는 부모가 행복한 삶을 영위하며, 자녀들을 성장과 도전의 길로 인도할 수 있습니다.

내 아이는 자라서
내가 된다

교무실에 앉아 있으면 가끔 '신들린 사람'이 된 것 같은 기분
이 들 때가 있다. 교무실 문을 열고 수줍게 들어오는 학부모님
을 보자마자 누구의 부모라는 것을 금방 알아차릴 수 있기 때문
이다. 단순히 외모가 비슷하기 때문만은 아니다. 분위기, 말투,
표정. 그분에게서 느껴지는 모든 것들이 자녀와 흡사한 탓이다.

우리 엄마는 나와 형제들이 잘못을 하면 "씨 도둑은 못한다
더니."라며 아빠의 나쁜 습관을 닮은 것을 탓하셨다. 물려받은
유전자에다 사는 환경도 같으니 자녀가 부모를 닮는 것은 당연
한 일이다. 더욱 놀라운 것은 나이가 들면 들수록 더욱 부모를

닮아간다는 점이다. 외모부터 인격, 사상, 가치관 등이 놀랄 만큼 대물림된다.

사춘기 자녀를 둔 부모들은 누구나 내 아이가 착하면서도 똑똑한 아이가 되기를 바란다. 그런데 인성이 나쁜 부모에게서 착한 아이가 나올 수 있을까? 강남의 한 중학교에서 어떤 아이가 수업 시간에 휴대폰을 사용했다. 그래서 담당 선생님이 아이의 휴대폰을 압수했는데 그 부모가 학교로 전화를 했다.

"선생님이 수업을 제대로 했다면 우리 아이가 수업 시간에 휴대폰을 사용했겠어요? 얼른 우리 아이에게 휴대폰을 돌려주세요."

나는 이 이야기를 듣고 아이의 몇 십 년 후가 그려졌다. 요즘 문제가 되고 있는 재벌 2, 3세들의 갑질 문제가 이래서 생기는 게 아닐까 하는 생각도 들었다. 스승의 그림자는 밟지도 않는다는 정도는 아니더라도, 적어도 교육을 하는 교사에 대한 기본적인 예의는 지켜줘야 한다. 하지만 많은 부모들이 교사를 자녀들의 기를 죽일 수 있는 존재로 여기고 무시하곤 한다. 이러한 태도는 학생들에게도 그대로 전해지며 교권 추락의 문제로 이어진다.

옛날 어떤 아이가 선생님께 매우 건방지게 행동했다. 그의 아버지는 상당히 지위가 높은 군인이었다. 아이의 나쁜 행동을 알게 된 그 아버지는 일부러 선생님을 집으로 초대했고, 선생님이 집 앞에 오자마자 버선발로 집 앞까지 나가 마중을 했다고 한다. 그 모습을 본 학생은 그 뒤로부터 선생님께 깍듯하게 인사를 했다.

이러한 일화를 통해 결국 아이의 인성은 부모를 답습한다는 것을 확인하게 된다. 부모의 언행과 인성이 자녀에게 본보기가 되고 그 자체가 교육이 된다. 그래서 부모는 항상 아이들한테 좋은 모습을 보이도록 노력해야 한다. 부모에게 폭력을 당했던 아이가 나중에 폭력을 행사하는 안타까운 예는 주변에서 흔히 볼 수 있다.

아이가 어떤 어른으로 자라는지는 전적으로 부모에게 달려 있다 해도 과언이 아니다. 부모와 아이는 혈연적으로 그리고 환경적으로 깊은 영향관계에 있기 때문이다. '독서광'이었던 친구를 보면서도 부모가 미치는 영향이 얼마나 큰지를 확인할 수 있었다. 학창 시절 나와 가장 친했던 친구는 정말 책을 좋아하는 친구였다. 책도 좋아하고 글도 매우 잘 써 지금도 작가로서 책을 쓰고 있다. 친구네 집에는 화장실에도 책이 놓여 있었는데, 화장실에 있는 그 순간에도 책을 본다는 사실이 매우 흥미로웠다.

"이 책 네가 보던 거야?"

"아니, 엄마가 보시는 건데?"

나는 친구의 엄마가 책을 본다는 것에 깜짝 놀랐다. 우리 엄마는 장애가 있는 남동생이 있으니 몸이 열 개라도 부족했다. 당연히 책을 읽을 시간조차 없으셨는데, 그 친구 엄마는 항상 책을 가까이 하신다니 놀랍기도 하고 부럽기도 했다. 그래서일까, 나도 나름대로는 독서를 많이 하려고 노력하지만, 그 친구처럼 찰나의 순간까지 책을 읽지는 못한다.

하지만 내게도 그 친구가 가지지 못하는 장점이 있으니 바로 '요리'다. 우리 엄마는 책은 거의 읽지 못하지만 집안 살림의 대가다. 그래서 항상 맛있는 밥과 반찬을 순식간에 만들어 내신다. 나는 사춘기 무렵부터 대학생까지 엄마를 흉내 내면서 요리를 하기 시작했고 지금도 요리를 잘한다는 말을 듣는다. 결국 책을 좋아하는 부모 밑에서는 책을 좋아하는 아이가 나오고, 요리를 잘하는 부모 밑에서는 요리를 잘하는 아이가 나오는 것이다. 자녀에게 부모는 가장 가까운 인생 선배이자 '롤모델'이 되기 때문이다.

이러한 거울 학습 이론은 긍정적인 부분에서도 영향력을 발휘하지만, 부정적인 부분에서도 위력을 발휘한다. 특히 가장 충격적인 부분은 자녀가 부모의 '흡연'을 닮는다는 것이다. 남자아이들이 사춘기가 되면서 가장 지도하기 힘든 문제 중 하나가 금연이다. 고등학생 정도 되면 이미 담배의 중독성이 꽤 심해져서 웬만해서는 끊기 어려운 지경이 된다.

만약 양쪽 부모가 모두 흡연을 하면 자녀가 흡연할 가능성은 더욱 높아진다. 비흡연 부모를 둔 아이들보다 간접흡연에 많이 노출되어 죄책감과 거부감이 적기 때문이다.

실제로 양쪽 부모님이 흡연자인 한 아이가 흡연으로 적발된 적이 있다. 담임 선생님의 호출에 학교로 달려오신 학부모님은 선도위원회를 앞두고 초조하셨는지 담배를 한 대 태우셨다. 잠시 후 그들이 선도위원회 장소에 들어오자 상담실은 담배 냄새로 가득 찼다. 어머니와 아버지가 입을 열 때마다 올라오는 담배 냄새를 통해 그 자리에 있던 사람들은 이 아이가 절대 담배를 끊을 수 없겠다고 직감했다.

절대로 아이들은 하늘에서 그냥 떨어지지 않는다. 욕 잘하는 아이는 욕쟁이 부모 밑에서 자랐을 가능성이 높다. 아이들에게 시비조로 말하는 학생의 부모와 상담을 하다 보면 어머니나 아버지의 말투가 까칠하고 상대를 배려하지 않는 어조임을 느낀다. 슬픔이 슬픔을 낳듯이, 부정적인 부모가 부정적인 아이를 낳고 기르게 되는 것이다.

어떻게 하면 아이를 잘 키울 수 있을까에 대해 많은 부모들은 밤낮으로 고민한다. 그런데 나는 그런 고민을 절대 하지 말라고 말씀드리고 싶다. 부모가 좋은 사람이 되면 아이는 저절로 좋은 아이가 되기 때문이다. 부모가 긍정적으로 말하고 긍정적으로 생각하면 아이도 그렇게 될 것이다. 사춘기 자녀가 자라서 결국 또 다른 내가 된다는 것을 기억하고 행동해야 한다.

희윤 쌤의 💬
토닥토닥 한마디

욕이나 흡연 외에도, 나도 모르게 튀어나오는 한마디 한마디가 아이들에게 영향을 줄 수 있음을 아시나요? 예를들어 부모가 "내가 왜 사는지 모르겠어."라고 말한다면 자녀들은 부모를 가치 없는 존재로 인식할 수도 있습니다. 그러니 자녀들 앞에서는 말 한마디를 하더라도 신중하게 하는 것이 좋습니다. 불완전한 자아를 지닌 청소년들에게 어른들의 말 한마디는 그 자체로 판단의 기준이 될 수도 있기 때문입니다.

부모의 가장 큰 사랑법,
기다림

사춘기 자녀들과 연예인 부모가 함께 출연한 〈유자식 상팔자〉라
는 프로그램에서 MC가 아이들에게 인상적인 질문을 했다. '잔
소리'와 '조언'의 차이가 무엇이냐는 물음에 아이는 말을 하고
생각할 시간을 주느냐 그렇지 않느냐가 차이라고 답했다. 반복
되는 잔소리는 우선 듣기가 싫기 때문에 생각하고 싶지 않은 반
면 조언은 생각할 시간을 주기 때문에 자신에게 유익한 말로 다
가온다는 것이다.

부모들은 아이들을 올바른 방향으로 변화시키고 싶어 한다.
그런데 아이와 어른을 막론하고 사람은 쉽게 변화하지는 않는 존재다. 사람이 갑자기 안 하던 일을 하면 죽을 때가 된 것이라는 말은 인간이 얼마나 변화하기 어려운 존재인가를 방증한다. 그나마 다행스러운 것은 성인들은 거의 변화 가능성이 없지만 아이들은 계기가 있다면 변화할 수 있는 존재라는 점이다. 하지만 그 변화에는 반드시 '시간'이 수반되어야 한다.

아이들은 믿고 기다려줘야 긍정적으로 변화하고 성장할 수 있다. 부모의 믿음은 곧 사랑이다. 기다려본 사람들은 기다린다는 것이 얼마나 어려운 일인지를 안다. 사람의 마음은 간사한 데가 있어서 기다리려고 마음을 먹었다가도 금방 복장이 터져 다그치게 된다. 하지만 부모의 끊임없는 압박은 아이에게 스트레스만 줄 뿐이다. 아이가 자신의 문제행동을 스스로 파악하고 교정할 시간을 줄 때 변화의 가능성이 열린다.

특히 요즘에는 스마트폰으로 인해 아이들과 갈등을 하는 부모들이 많이 있는데 스마트폰 문제는 하루아침에 해결되지 않는다. 스마트폰 중독도 중독의 한 종류이므로 점진적으로 멀어지는 방법을 사용해야 한다. 그리고 스마트폰에 중독된 이유가 게임인지, SNS인지에 대해서도 명확하게 인지할 필요가 있다.

만약 아이가 친구들과의 채팅 때문에 스마트폰에 매달려 있다면 아이는 스마트폰이라는 기계 자체에 중독된 것인 아니라 그 기계를 통해 정성들여 가꿔나가고 있는 친구들과의 관계에 몰입된 것으로 볼 수 있다.

실제로 요즘 아이들은 페이스북에 굉장히 공을 들인다. 페이스북이 자신을 드러내는 또 다른 수단이라고 생각하고 페이스북 메시지로 소통하는 경우가 많이 있다. 하지만 이러한 상황도 모른 채 아이의 스마트폰을 거칠게 빼앗고 친구들과의 만남도 금지하고 골방에 가둬버리면 최악의 상황으로 치달을 가능성이 있다. '스마트폰을 빼앗으면 공부에 몰입하겠지'라는 기대를 보기 좋게 무시하고 부모에게 반항심만 키울 수도 있다.

기다림은 사랑이라고 주장하는 나 역시 기다림이 부족한 사람이었다. 지섭이는 성격이 좋은 편이지만 장난이 심해서 아이들과 장난을 하다가 사고를 치는 경우가 많았다. 그래서 그런 일이 벌어질 때마다 장난을 치지 말라고 혼을 냈었다. 그러면서 녀석을 볼 때마다 왜 저렇게 나아지지 않는 것인지 좌절하기도 했다.

일 년이 지난 어느 날 아이는 나에게 "선생님, 이제 착하게 살기로 했습니다."라고 말하더니 그 뒤부터는 정말 정도를 지키면서 열심히 학교생활을 하는 모습을 보였다. 이 일을 통해 아이가 성숙해지기까지 일 년이라는 시간이 걸렸다는 것을 깨달았다. 시간이 지나며 자연스럽게 될 일을 너무 조급하게 생각했던 것은 아닌지 스스로 반성하게 되었다. 아이들의 문제행동을 너무 성급하게 해결하려고 할 필요는 없다. 때가 되면 저절로 문제행동이 소멸될 수도 있다.

아이들의 흥미와 적성을 찾을 때도 기다림은 필수적이다. 나는 '대기업 아르바이트 사원-중소기업 정직원-대기업 계열사 정직원-학원 강사-방과 후 및 인터넷 강사'를 거쳐 현재 학교 교사로 아이들을 가르치고 있다. 그러면서 또 다른 꿈인 '작가'와 '강연가'를 향해 달려가고 있다.

나보다 더 빠른 시대를 살아가고 있는 사춘기 아이들은 더 많은 직업을 경험하게 될 것이다. 그런데 대부분의 부모들은 아이들이 얼른 한 가지 적성을 찾아서 빨리 그 길로 매진했으면 좋겠다고 생각한다. 이는 명백하게 부모의 욕심이다. 아이들은 다그친다고 적성을 빨리 찾는 것이 아니다. 진정으로 아이들을 발견하기 위해서는 역설적으로 그들에게 텅 빈 시간을 주어야 한다.

여성학자 박혜란은 그의 저서 《다시 아이를 키운다면》에서 아이들의 적성을 찾기 위해 가장 좋은 방법은 아이들이 온전히 자신들만의 시간을 드러내게 하는 것에 있다고 말한다. 꽉 짜인 스케줄을 제시하는 것이 아니라 텅 빈 시간에 장난감을 가지고 놀거나 무엇인가를 할 수 있도록 여백을 주는 것이다. 이러한 시간의 여백을 경험한 아이들이 창의적인 인재로 성장한다는 것이다.

나 역시 같은 생각이다. 아이들이 창의성을 지니게 하려면 무엇인가 해볼 수 있는 기회를 주어야 한다. 머릿속으로 계산하는 것은 아무런 의미가 없다. 창의성을 계발하는 데 도움이 되는 실험인 마시멜로 챌린지를 통해 이를 확인할 수 있다. 마시멜로 챌린지를 하기 위해서는 스파게티면 20가닥, 테이프와 실 그리고 마시멜로 하나가 필요하다. 이 재료를 가지고 그룹원들끼리 아이디어를 모아 마시멜로를 최대한 높게 쌓는 게임이다. 유치원생부터 석박사 등 다양한 직업군의 사람들이 이 실험에 참여했는데 최고의 기록을 쌓은 팀은 바로 유치원생 그룹이었다.

대다수의 영리한 지식인들은 주어진 시간의 대부분을 머릿속으로 구상하고 계획하는 데 사용했지만, 유치원생들은 아무런 계획 없이 '일단 쌓기'를 시도하고 실패를 반복하면서 일찌감치 성공을 거두고 이를 보완하는 방식으로 일을 처리했다. 이처럼 진정한 창의성은 자유로운 허용과 실패 속에서 거듭된 경험을 통해 탄생하는 노하우라고 볼 수 있다.

아이의 적성을 발견하기 위해 부모는 특별한 노력을 할 필요가 없다. 차라리 아이가 혼자 클 수 있도록 기다려주고, 그 공백 속에서 자기 자신을 발견하는 기회를 만들어주는 것이 필요하다. 그러기 위해서는 부모가 인내심을 가져야 한다. 아이들은 기다려주면 그 기다림을 귀신같이 파악한다.

나는 개인적으로 기다려주는 부모가 돈 많은 부모보다 훨씬 위대하다고 생각한다. 대부분의 부모들은 자녀들을 기다려주지 않는다. 성인이 되어서도 마찬가지다. 왜 좋은 곳에 취직하지 않느냐, 왜 빨리 결혼하지 않느냐, 다른 아이들과 비교하며 자녀들을 닦달하기 마련이다. 한 번쯤 정체 중인 아이에게 '실패'가 아닌 '시련'이 온 것뿐이라고 토닥여주면 어떨까.

만약 지금 사춘기 자녀가 슬럼프에 빠진 것처럼 무기력하다면, 아이를 다그치지 말고 지금의 현 상황을 받아들이고 다시 일어나도록 격려해주자. 이 상황을 3보 전진을 위한 2보 후퇴로 믿으며, 자녀가 자신의 길을 스스로를 찾아갈 수 있도록 믿고 기다려준다면 아이는 분명 정답을 가져올 것이다. 자녀를 기다린다는 것은 부모의 가장 큰 사랑법이다.

희윤 쌤의 💬
토닥토닥 한마디

인스타그램에서 감동적인 일화를 본 적 있습니다.
4살 정도 된 어린아이가 엄마의 도움 없이 혼자 버스에 올라타겠다고 고집을 부린 모양입니다. 엄마는 아이가 스스로 할 수 있도록 기다려주었고, 아이 때문에 기다리게 된 승객과 기사님에게 연신 죄송하다고 머리를 조아

렸습니다.

그러고 나서 버스에 탑승한 후 아이에게 버스를 혼자 타서 기분이 어떠한지, 엄마가 사람들에게 죄송하다고 사과한 이유는 무엇인지를 질문했다고 합니다. 아이는 버스를 혼자 타서 기분은 좋았지만 엄마가 사람들에게 사과하는 것을 보고 자신이 잘못한 것 같았다고 대답했습니다. 이에 아이의 엄마는 다른 사람들에게 민폐를 끼쳤기 때문에 죄송하다고 한 것이라고 얘기하며, 내릴 때는 어떻게 하는 것이 좋을지 물어보았습니다. 아이는 엄마에게 안겨서 내리겠다고 대답했습니다. 이를 본 사람들은 아이의 엄마가 참 현명하게 아이를 기르고 있다고 감탄했습니다.

기다린다는 것은 참 어려운 일입니다. 실패하는 결과가 뻔히 보이지만 기회와 시간을 주어야 하기 때문입니다. 하지만 그 과정이 없다면 아이들이 성장할 기회도 없다는 것을 알아야 합니다. 애간장이 타더라도 자녀들을 기다려주는 것, 그 어려운 일까지 해내고야 마는 것이 부모라는 존재입니다.

사랑은 하는데,
믿음은요?

작년에 저 멀리 영국에서 안타까운 소식이 들려왔다. '두 개의 심장'이라 불렸던 대한민국 최고의 축구선수 박지성의 어머니께서 교통사고로 돌아가셨다는 비보였다. 박지성 선수가 세계 최고의 축구 선수가 되기까지 그 모친의 헌신에 대해 알고 있었기에 참으로 안타까운 소식이었다.

어린 시절 체구가 왜소했던 박지성에게 할머니와 어머니는 '개구리'를 잡아 먹이면서 단백질원을 공급했다고 한다. 만약 그 어머니가 "넌 국가대표 축구선수가 되기에는 체구가 너무 작잖니. 축구 말고 다른 것을 하는 것은 어떠니?"라고 했다면 대한민국 역사상 가장 유명한 축구 선수는 절대 나오지 못했을 것이다.

비록 체구는 왜소했지만 누구보다 열심히 축구를 하는 아들을 믿었기 때문에 어머니는 아들에게 아낌없는 헌신을 다할 수 있었다. 아무도 믿지 않아도 그 어머니만큼은 아들을 믿어줬기에 영광의 축구 선수가 탄생했다. 이처럼 부모의 믿음은 자녀를 성장시키는 원동력이다.

중학교 때 흥미로웠던 친구가 있었다. 아니, 정확히는 그 친구보다는 그녀의 엄마가 흥미로웠다. 같은 중학교를 다니다가 외국어 고등학교에 입학하게 된 '혜수'라는 아이였다. 학교에서는 얌전히 교복을 입고 다녔지만, 밖에서는 힙합바지에 귀걸이를 여러 개 착용하고 다녔다. 요즘엔 중고교생도 방학이면 염색을 하고 다니는 시대이니 별로 놀라울 게 없지만 당시에는 꽤나 충격적인 패션이었다.

아마 그 아이의 옷차림을 학부모회 사람들도 봤던 모양이다. 그래서 혜수 어머니를 만났을 때 다른 엄마들은 한마디씩 했다. 그랬더니 그 어머니는 아무렇지도 않은 표정으로 "저는 우리 혜수를 믿어요. 그러니 걱정들 하지 마세요."라는 단호한 말로 여러 우려를 묵살했다고 한다.

어머니의 단호한 믿음 때문일까. 혜수는 파격적인 패션을 고수했지만 학교생활은 정말 모범적으로 했고 성적도 항상 상위권을 유지했다. 그 결과 외고에 입학한 그녀는 좋은 성적을 유지해 SKY 대학의 좋은 학과에 진학했다 들었다.

나는 혜수 어머니의 그 믿음이 정말 대단하다고 생각한다. 보통의 어머니였다면 학부모회에서 나온 얘기 때문에 집에 가서 아이를 붙잡고 "너 때문에 내가 오늘 망신당했다. 도대체 그 패션은 뭐냐?"라며 폭언을 퍼부었을 것이다.

하지만 혜수 어머니는 오히려 다른 학부모들을 향하여 '내 자식은 스스로 알아서 하고 있으니 신경 끄시오.'라는 메시지를 강펀치로 전달하지 않았는가. 엄마의 그 믿음을 혜수도 분명 알고 있었을 것이고, 믿음에 보답하기 위해 노력했다. 정말 아이들은 엄마의 믿음대로 자라는 생명체와 같다.

요즘 부모들은 아이에 대한 사랑은 매우 넘치지만 과거에 비해 아이들에 대한 믿음은 약한 것 같다. 과거의 부모들은 아이들에 대한 사랑은 적게 표현했지만 아이들을 많이 믿어줬다. 믿어준다는 것은 아이들에게 무엇인가를 할 수 있도록 시도의 기회를 주고, 그 결과를 책임질 수 있도록 허용해준다는 것이다. 이러한 믿음은 아이들을 스스로 책임질 줄 아는 사람으로 성장시킨다.

만약 아이들이 시행착오를 겪을 기회를 차단하게 되면 아이들은 바보로 성장한다. 특히 사춘기 시절 부모가 모든 것들을 해주던 아이들은 대학에 가서 어찌할 줄 몰라 방황한다. 내가 과외 선생으로 활동했던 당시 만났던 학생들 중 일부는 완전 '바보'였다. 이 아이들의 하루는 엄마가 모두 빽빽하게 짜두었다. 그리고 아이들은 그 시간에 맞춰 움직였다. 아이들은 자신에게 주어진 시간에 대한 소중함을 느끼지 못했고, 그냥 그 시간들을 흘려보내고 있었다. 엄마가 준비해둔 부실한 간식으로 끼니를 때우며, 다음 학원 혹은 과외로 끌려갔다.

게다가 이들의 어머니는 가르치는 사람과 아이들과의 소통을 가로막아 질적으로 낮은 교육을 할 수밖에 없는 환경을 조성했다. 사교육에서 중고생들을 가르치다 보면 아이들과 소통해야 하는 것들이 많다. 학교에서 선생님은 수업을 어떻게 하고 계시는지, 시험 범위는 어떻게 되었는지, 더 보충 받고 싶은 영역은 없는지 등등.

그러나 나는 그 모든 일들에 대해 아이가 아닌 어머니와 상의를 해야 했다. 아이는 단지 그 결과물만 전달받을 뿐이었다. 이러한 과정 속에서 아이는 점차 생각해야 하는 이유를 잊어 갔다. 어쩌다 그의 엄마가 스케줄을 엉키게 짜버리면 입력 코드가 잘못 인식된 로봇처럼 버퍼링이 걸린 채 버벅거렸다.

시간관리(Time management)는 하루아침에 이루어지는 것이 아니다. 어느 날은 성공하고 어느 날은 실패하면서 시간을 경영하는 원리에 대해 깨우치게 되는 것이다. 그러나 스케줄 맘은 아이들이 그러한 시행착오를 할 수 있는 시간과 자유를 허락하지 않는다.

스케줄 맘이 키우는 아이들 대다수는 선생님에게 혼나지 않기 위해 간신히 숙제를 해가며, 일상을 지겨운 것으로 인식하고 있었다. 자신에게 주어진 시간이 얼마나 소중한지 모르는 아이는 성장해서도 시간을 낭비하는 어리석은 사람이 될 가능성이 높다.

스무 살이 되고 대학교에 입학하면 시간표를 스스로 짜야 한다. 이번 학기 무슨 교과목을 몇 학점 들을지, 어떤 교수님의 수업을 듣는 게 좋을지, 등교와 하교는 언제 할지 아무것도 정해진 게 없다. 사춘기 시절 엄마의 스케줄에 모든 것을 의존했던 자녀들은 대학교의 삶이 너무 어렵고 난감하기만 하다.

사춘기에 자녀를 믿어준다는 것은 자녀가 잘할 수 있는 가능성을 보라는 것이 아니다. 잘못하더라도 스스로 할 수 있는 일을 하도록 내버려두라는 것이다. 앞으로 성인이 되어서 맛보게 될 세상을 모두 맛볼 수 있도록 일정 영역에서 손을 놓아주는 것이다. 나도 현장에서 사춘기 아이들을 지도하며 가장 중요하게 생각하는 것이 바로 '믿음'이다. 내가 아이들을 어떻게 믿느냐에 따라 아이들이 달라지기 때문이다.

교사의 믿음으로 아이들이 변한다는 이론에는 크게 두 가지가 있다. 첫 번째는 '낙인 효과'이다. 낙인 효과란 아이들이 한번 문제행동을 했을 때 그가 앞으로 비행을 계속할 것이라고 낙인을 찍는 것이다. 아이들은 교사의 이러한 마음을 귀신같이 알아채고 점점 비행 청소년의 길을 가게 된다. 두 번째는 '피그말리온 효과'이다. 피그말리온 효과란 교사가 아이에게 긍정적으로 변화할 것이라는 기대를 가지면 아이도 점차 긍정적으로 변화할 것이라는 것이다.

교사의 기대와 믿음이 아이를 더욱 긍정적으로 만들기도 하고, 더욱 부정적으로 만들기도 한다는 것에 큰 책임감을 느낀다. 교사는 '낙인 효과'를 지양하고 '피그말리온 효과'를 노려야한다.

부모도 마찬가지이다. 부모는 사춘기 자녀들에게 가장 영향력 있고 중요한 존재이다. 세상에 어떤 사람이 믿어주지 않더라도 부모가 믿어준다면 힘이 나는 게 자녀. 자녀의 성장을 보고 싶다면 묻지도 따지지도 말고 일단 믿어라. 속거나 시간이 걸려도 당신이 그 아이를 믿는다는 그 자체가 아이에게 진심으로 다가가 아이를 긍정적으로 변화시킬 것이다.

희윤 쌤의 토닥토닥 한마디

아이를 많이 사랑하시죠? 그런데, 믿음은 어떤가요?

부모의 역할인 믿어주기를 게을리 하지 마세요. 부모가 믿어주지 않으면 아이들 스스로도 자신에 대한 확신을 가지기 어렵습니다. 스스로를 못 믿는 아이들에게 부모의 믿음을 전해주세요. 어느덧 아이들은 부모의 믿음대로 성장하고자 노력하는 사람이 되어 있을 겁니다.

LESSON 41

오늘이 행복해야
내일도 행복합니다

"카르페디엠(현재를 즐겨라)."

〈죽은 시인의 사회〉라는 영화가 있다. 그 영화에서 로빈 윌리엄스는 아주 엄격한 명문고등학교에 새로 부임한 키팅 선생님 역할을 맡았다. 그는 아이들에게 규율을 탈피하고 사물을 새로운 시각에서 살펴보라고 가르친다. 그리고 획일적인 생각에서 벗어나 자유를 꿈꾸고 자신에게 집중하라고 말한다. 아이들은 키팅 선생님의 영향으로 〈죽은 시인의 사회〉라는 모임을 만들어 자작시를 읊으며 자유로운 생각을 마구 펼친다. 그러다가 닐이라는 아이가 자살을 하게 되고, 이런 상황을 달갑게 보지 않던 교장은 닐의 죽음을 키팅 선생님의 책임으로 규정짓고는 그를 학교에서 퇴출시킨다. 그는 떠나지만 아이들의 가슴속에는 현재를 즐기라는 위대한 가르침이 살아 숨 쉰다는 내용이 담긴 영화다.

부모들은 모두 아이들의 행복을 바란다. 그런데 문제는 그 행복이 언제의 행복인가 하는 점이다. 대다수의 사람들은 미래의 행복을 위하여 아이들의 현재를 포기시킨다. 아이들은 미래보다는 '지금, 이곳, 여기'가 더 중요한 데도 말이다.

중고교에서 동아리 발표회는 일 년 중 가장 큰 행사다. 이 행사를 통해 아이들은 수업에서 보여주지 못했던 끼와 재능을 표출할 수 있다. 그런데 발표회를 준비하다 보면 전화를 붙잡고 울상이 된 얼굴로 징징거리는 녀석들을 만날 수 있다. 오늘만큼은 학원을 안 가고 싶은데 엄마는 꼭 학원을 가라고 하니 아이로서는 너무 속상한 것이다. 어떤 아이는 엄마랑 전화하며 눈물을 흘리기도 한다.

물론 부모의 입장에서 돈 내고 등록한 학원을 빠진다는 것이 여러 가지 면에서 손해라고 판단될 것이다. 하지만 아이의 입장에서는 학원은 내일도 모레도 반복되는 일상인 반면, 동아리 발표회는 일 년엔 딱 한 번만 돌아오는 특별한 이벤트이다.

학원을 빠지고서라도 그것을 해내겠다는 아이의 의지를 보았다면 한 번쯤 학원을 빼먹는 것을 눈감아주는 게 어떨까. 그러면 아이는 부모의 공감에 감사를 표하며 부모를 더 따르고 신뢰할 것이다. 한 번쯤 아이의 현재를 응원해준다면 분명 아이는 부모에게 큰 감동을 받고 더 열정적으로 임할 것이다.

우리는 더 나은 미래를 위해서 현재를 희생해야 한다는 강박을 지니고 있다. 내 집 장만을 위해서 현재 있는 돈을 아껴 써야 하고, 더 좋은 학교를 가기 위해 당장 밤잠을 아껴 공부를 해야만 한다. 물론 현재를 인내하는 노력 없이 원하는 미래를 만들 수는 없다. 그러나 행복한 현재 없이 행복한 미래가 존재할 수 있을까? 오늘이 생의 마지막 날이라면 가장 후회되는 것이 무엇일까? 이 질문들을 곰곰이 생각해보면 결론은 '행복한 현재를 살자'로 귀결된다.

모든 것들을 누리고 살아갈 수는 없지만 현재가 행복해야 즐거운 미래를 만들 수 있다. 아이들도 마찬가지다. 먼 미래를 위해 너희의 모든 시간을 투자해서 공부만 하라고 하지 말고, 현재 즐겁고 행복한 일을 하도록 응원해주는 것도 필요하다.

미래는 전문가도 예측하기 어려운 속도로 발전하고 있다. 이미 '인공지능 로봇'이 인간이 했던 단순 노동을 대체하기 시작했고 머지않아 집집마다 가사도우미 로봇이 생길지 모른다. 그래서 지금 좋게 평가되는 직업을 갖기 위해서 아이들의 현재를 희생하는 것이 정말 무의미한 일이 될 수도 있다.

사실 아이가 자라서 어떤 아이가 될지는 아이도 부모도 선생도 모른다. 그러니 아이가 하려는 이 현재의 삶을 응원해주자. 우리나라의 중고등 학생들은 다른 나라 학생들에 비해 굉장히 불쌍하다. 경쟁도 매우 치열하고, 하루에 거의 모든 시간을 공부에 쏟는데도 더 열심히 할 것을 종용당한다. 계층의 사다리는 공부뿐이라고, 가난할수록 공부를 해야 한다고 꿈 대신 공부를 강요당하기도 한다. 이렇게 공부만을 강요당할 때 아이들은 삶의 의욕을 상실하고 무기력하게 현재를 살아가게 된다.

아이들이 지금 자신이 있는 상황을 즐기게 하기 위해서는 부모가 아이의 삶의 균형을 맞춰줘야 한다. 사춘기 시절은 공부를 해야 할 시기는 맞지만, 아이들이 공부 말고도 경험해봐야 할 것들이 아주 많다.

그중 하나가 운동이다. 청소년기에 몸을 쓰며 운동을 하는 것도 매우 중요한 일이다. 사춘기 시기의 운동은 신체 능력을 단련시키므로 매우 중요한 과정 중 하나이기에 외국에서는 스포츠에 대한 많은 교육이 이루어지는 반면, 우리나라는 대체로 인색하기만 하다. 아이가 좋아하는 운동을 하나 정해놓고 이를 꾸준히 하도록 지원해주자. 운동은 뇌를 정말 많이 발달시킨다. 신체와 마음도 단련된다.

운동뿐만 아니라 최소 하나 정도의 취미 활동을 지원해주자. 아이가 좋아하는 것이 무엇인지 파악해서 적어도 일주일에 한 번은 그 활동을 당당히 할 수 있도록 해주자. 요즘은 방과 후 학교가 많이 개설되어 있기 때문에 공부 외에도 다양한 활동 등을 경험할 수 있다. 이러한 프로그램에 적극적으로 참여하게 하는 것도 좋은 방법이다.

상급학교에 진학할수록 취미와 특기가 무엇인지 모르는 학생들이 많다. 사회는 점점 다양해지고 한 가지 업무가 아니라 멀티를 요구하고 있는데 취미와 특기가 없는 사람은 사회생활에 제약이 많다. 예를 들어 회사에 입사한 경우에도 인맥을 형성하려고 하면 사내 동아리 활동이 필수적이다. 그러나 취미와 특기가 없는 사람들은 참여하기 어렵고, 사람들 사이에서 교류가 적어지게 된다.

취미와 특기는 그 일을 꾸준히 반복할 때 이루어진다. 부모님의 기준에 의미 없는 일도 모이면 큰일이 될 수 있다. 예를 들어서 아이가 SNS 활동을 즐거워하고 꾸준히 SNS 활동을 하는 것만으로도 나중에 훌륭한 SNS 마케터가 될 수 있다. 지금이 즐겁다면 아이의 미래도 분명 행복할 것임을 잊지 말자.

희윤 쌤의 💬 토닥토닥 한마디

욜로(YOLO)라는 개념을 아십니까?

'인생은 한 번뿐이다'를 뜻하는 You Only Live Once의 앞 글자를 딴 말로 현재 자신의 행복을 가장 중시하여 소비하는 태도를 의미합니다. 미래를 위해 희생하기보다는 현재의 행복을 위해 소비하는 라이프 스타일을 추구하지요.

이는 현재의 행복을 희생해오던 기성세대의 라이프스타일에 대한 반발 및 저항으로 볼 수 있습니다. 10년을 한 푼도 안 쓰고 모아야 겨우 집 한 채를 장만할 수 있는 현실에서 행복을 찾기 위한 몸부림으로도 해석할 수 있습니다.

누구에게나 삶은 한 번뿐입니다. 불확실한 미래를 위해 아끼고 저축하며 준비해야 할 필요는 있지만, 오지도 않은 미래를 위해 현재의 삶을 희생하고 저당잡힐 필요는 없습니다.

아이의 현재를 소중히 여겨주세요. 현재 행복한 아이들은 앞으로의 행복도 꿈꿀 여유가 있지만, 지금 불행하다고 느끼는 아이들은 행복한 미래를 꿈꾸는 것을 두려워합니다. 소소하지만 확실한 행복들을 챙기면서 미래를 추구하는 현명한 태도가 필요한 시대입니다.

희윤쌤이 묻고 지온이가 답하다!

#순간기억력 #학교는지루해 #선생님죄송해요 #프로게이머 #부모님죄송해요

임지온: 안녕하세요, 저는 순간적인 기억력이 매우 좋은 임지온입니다.

희윤쌤: 이제 중학교 졸업하는 지온이, 현재의 기분을 5글자로 말해볼까요?

임지온: 재.미.없.어.요.

희윤쌤: 오잉? 재미없어요? 중학교를 졸업하는 게 재미없다는 거야?

임지온: 뭐, 다의적인 의미가 있죠. 중학교 생활 자체가 그렇게 재미있진 않았어요.

희윤쌤: 그럼 초등학교는 재미있었어?

임지온: 아니요. 재미없었어요.

희윤쌤: 어디든지 학교가 좀 재미없구나. 그러면 지온이에게 학교는 어떤 곳이야?

임지온: 음… 뭐라고 해야 하나. 학교는 집 같은 곳이에요. 집도 재미없거든요. 소중하고 필요하기도 한데 재미는 없어요.

희윤쌤: 재미없는 이유는 뭘까?

임지온: 오랫동안 가만히 앉아 있어야 하는 게 지루해요.

희윤쌤: 그럼 지온이는 어떤 곳에서 재미를 많이 느끼는 편이야?

임지온: 저는 계곡이나 바다 같은 곳에서 몸을 움직이면서 활발하게 노는 게 좋아요.

희윤쌤: 아하, 학교가 재미있어지려면 앉아 있는 시간을 좀 줄여야겠네. 다음 질문, 자신의 중2병은 언제였나요?

임지온: 저는 작년이었던 것 같아요. 저희 반 선생님한테 반항했을 때요.

희윤쌤: 그땐 왜 그랬니?

임지온: 작년에 저희 반에서는 규칙을 어기면 교실 청소를 한 달 동안 하는 벌이 있었는데, 제가 잘못한 게 너무 많아서 쌓이고 쌓이다 보니까 8개월 내내 청소를 하게 된 거예요. 심지어 2학년 학기가 다 끝난 다음에도 와서 청소를 해야 할 지경이었어요. 그래서 너무 화가 나서 분노를 조절하지 못하고 선생님 앞에서 막 대들었어요. 지금은 당연히 제가 잘못했다고 생각

하고, 다시는 그러지 않겠다고 다짐했고요. 작년 담임선생님께 다시 한 번 정말 죄송했다고 사과드리고 싶습니다.

희윤쌤: 그래. 진심으로 반성하고 있다니 다행이다. 지금까지 살면서 가장 후회되거나 아쉬운 일이 혹시 있니?

임지온: 방금 그 사건이 가장 후회되는 일이고요. 아쉬운 일은 오버워치 프로게이머 제의를 받았는데 안 했던 게 좀 아쉬워요.

희윤쌤: 어머, 프로게이머 제안을 받았다는 거니? 왜 안 했어?

임지온: 네. 제안을 받긴 받았는데 어차피 부모님이 허락을 안 하실 것 같아서 그냥 거절했거든요. 그런데 이제와 생각해보니 한 번 부모님이랑 상의라도 해볼 걸 그랬어요.

희윤쌤: 그러게, 정말 아쉽겠다. 지온이는 앞으로 어떤 사람이 되고 싶은가요?

임지온: 음, 아직은 잘 모르겠어요. 하고 싶은 일도 아직 없고. 분명한 건 재미있는 사람이 되고 싶어요.

희윤쌤: 이 자리를 빌려 부모님께 한마디 한다면?

임지온: …죄송합니다.

희윤쌤: 뭐가 죄송해?

임지온: 자세히는 말씀드릴 수 없는데요. 사고를 하도 많이 쳐서… 어쨌든 정말 잘못한 게 많아요. 죄송해요.

희윤쌤: 말할 수 없는 일들이 아주 많았던 모양이구나. 자, 끝으로 이 책을 읽는 독자들에게 전하고 싶은 말이 있나요?

임지온: 부모님들이 자녀에게 의미 있는 사람이 됐으면 좋겠어요.

희윤쌤: 구체적으로 의미 있는 사람이란?

임지온: 이건 그냥 제 생각인데요, 많은 부모님이 자식이 공부 열심히 할 수 있도록 뒷바라지를 해야 하니까 회사에도 열심히 다니시고 일을 많이 하시잖아요. 그런데 정작 자녀들에게 직접적으로 쓰는 시간은 적은 것 같아요. 자녀가 부모님을 자주 보고 소통하면서 '우리 부모님은 이런 분이야!' 하는 분명한 의미를 가질 수 있도록 많은 시간을 함께 보내면 좋겠어요.

사춘기 부모 수업

1판 1쇄 발행 2019년 1월 5일
1판 4쇄 발행 2022년 1월 28일

지은이 장희윤
펴낸곳 보랏빛소
펴낸이 김철원

기획·편집 김이슬
마케팅·홍보 이태훈
표지·본문디자인 호기심고양이

출판신고 2014년 11월 26일 출판신고 제2015-000327호
주소 서울특별시 마포구 포은로 81-1 에스빌딩 201호
대표전화·팩스 070-8668-8802 (F) 02-323-8803
이메일 boracow8800@gmail.com